챔챔테이블

맛있고 건강한 원플레이트 레시피

KB180304

챔챔테이블

맛있고 건강한 원플레이트 레시피

—

2024년 05월 20일 1판 1쇄 인쇄
2024년 05월 27일 1판 1쇄 발행

—

지은이 이채미
펴낸이 이상훈
펴낸곳 책밥
주소 03986 서울시 마포구 동교로23길 116 3층
전화 번호 02-582-6707
팩스 번호 02-335-6702
홈페이지 www.bookisbab.co.kr
등록 2007.1.31. 제313-2007-126호

—

진행 문혜수
디자인 디자인허브

ISBN 979-11-93049-46-4 (13590)
정가 20,000원

책밥은 (주)오렌지페이퍼의 출판 브랜드입니다.

챔챔테이블

맛있고 건강한 원플레이트 레시피

이채미 지음

책밥

'요리를 시작하게 된 계기가 있나요?'

주변에서도 많이 물어봐서 곰곰이 생각해봤어요. 처음에는 저도 요리가 막연하게 어렵다고 느낄 때가 있었어요. 그러다 여러 가지 일로 몸과 마음이 많이 지쳤을 때였어요. 근사하게 차린 한 그릇 식사를 보게 되었는데, 그 순간 '내 건강을 위해 정성스러운 한 끼를 차려 먹고 싶다'는 생각이 문득 들었어요. 특별한 취미가 거의 없던 저는 그때부터 자연스럽게 요리에 관심을 가지게 된 것 같아요. 처음이라 서툴고 어렵던 요리들도 조금씩 하다 보니 나도 모르게 늘어, 즐기게 되었네요. 도전하는 걸 즐기는 편이라 낯선 식재료로 식탁을 채우는 일이 너무 흥미롭고 즐거웠답니다. 완성된 요리를 보면 뿌듯했고, 같은 요리라도 내가 좋아하는 그릇에 보기 좋게 담아 먹는 그 자체가 특별하게 다가오더라고요.

많은 건 아니지만 경험으로 채운 접시가 늘어가며 개인적으로 깨달은 것은 요리는 또 다른 나를 표현하는 방법 중 하나라는 점이에요. 작게는 저만의 그릇 취향부터 크게는 요리하는 방식까지요. 요즘은 다양한 방식으로 자신을 표현하듯이 저에겐 요리가 딱 그랬답니다. 요리를 하며 생각이 많이 바뀐 게 누구 하나 보는 사람 없이 혼자 먹을 때도 예쁘고 정성스럽게 차려 먹는 것도 중요하다고 생각해요. 사실 혼자 있으면 제대로 차려 먹기 귀찮고, 갖춰 먹을 필요까지 있나 싶은 생각이 앞서죠. 온갖 재료를 다 꺼내 힘주는 요리가 아니라 냉장고에 있는 사과 하나를 먹기 좋게 썰어 그릇에 가지런히 담는 것부터가 요리와 친해지는 첫걸음인 것 같아요. 이런 소소한 것이 스스로를 아끼는 방법 중 하나이기도 하니까요.

처음에는 제가 만든 요리 사진을 찍어 올려보자는 가벼운 생각으로
시작하게 됐답니다. 만든 요리를 SNS에 하나둘 기록하던 어느 날 출
간 제의라는 소중한 기회가 찾아왔어요. 처음 제안을 받았을 땐 '내
가 책을?', '나는 전문 요리사도 아닌데?'라는 생각이 먼저 들었어요.
출판은 나와 관련도 적고 꿈에도 생각지 못한 일이었으니까요. 에디
터님에게 "저 많이 부족한데 할 수 있을까요?" 몇 번이나 물었던 것
같아요. 내 요리를 맛있게 먹어주던 친구들과 지인들의 응원에 힘입
어 부족하지만 '그래, 도전해 보자'는 마음으로 용기를 냈어요.

책에는 익숙한 요리에 새로운 플레이팅을 더해 근사하게 한 그릇 요
리를 챙겨 먹을 수 있는 레시피들이 담겨있어요. 나에게 대접하는 기
분이 드는 요리를 쉽게 만들어 드실 수 있길 바라는 마음을 담아 준
비했습니다. 특별한 날이나 평범한 날에도 저의 레시피로 여러분의
요리가 빛을 발한다면 더할 나위 없이 기쁠 거예요. 이 책을 준비하
는 내내 감사한 마음을 많이 느꼈던 날들이었습니다. 도움을 주신 많
은 분들에게 감사의 말씀을 드립니다.

제 식탁이야기처럼 여러분의 식탁도 매 순간 특별해지길 바랍니다.

2024년 봄,
이채미 드림

contents

1

하루의 시작을 위한
가벼운 아침

2

에너지 가득 담은
든든한 점심

3

4

5

주말을 위한
기분전환 브런치

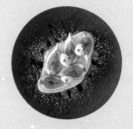

6

시원한 맥주 한 잔,
간단하게 즐기는 안주

Chaem's 식재료 소개하기

자주 사용하고 기본이 되는 재료들을 소개합니다. 요리하기에 앞서 참고하면 도움이 될 거예요. 속재료는 조미료를 포함해 이국적인 식재료가 있어 알아가는 재미도 있고, 음식에 풍미를 더하면서 식욕을 돋우는 역할을 한답니다. 치즈는 종류가 다양하고 맛도 저마다 달라 치즈 하나로도 맛이 풍부해져요. 맥주나 와인 안주로도 훌륭하답니다. 파스타는 대중적으로 많이 먹는 몇 가지를 골라봤어요. 마지막으로 허브는 마무리 데코로 사용하거나 요리에 향을 입히는 데 주로 사용해요. 서양 요리엔 필수로 들어간답니다.

| 소스

마요네즈 진한 고소함과 깔끔한 맛으로 소스 등 다양한 요리에 사용하기 좋아요.

메이플 시럽 메이플 나무의 수액에서 채취하여 만든 메이플 시럽은 팬케이크나 달콤함이 필요한 디저트에 활용할 수 있어요.

올리브오일 올리브 열매에서 추출해 만든 식물성 기름으로 양식 요리에서는 빠지지 않는 재료예요. 가열하지 않은 샐러드 드레싱 또는 음식을 조리할 때 사용해요. 분사력이 좋은 스프레이 오일은 적은 양으로 조리하기 편해 에어프라이어 튀김 조리 시 유용해요.

저칼로리 스위트 칠리소스 매콤하면서 달콤하고 상큼한 맛이 특징으로 월남쌈이나 감자 튀김, 새우튀김 등을 찍어 먹는 소스로 활용하기도 해요. 저칼로리라 부담 없이 즐길 수 있는 소스예요.

스리라차 소스 새콤하면서 칼칼한 매운맛으로 칼로리가 제로에 가까워 다이어터도 부담 없이 즐길 수 있는 소스예요. 동서양의 다양한 음식에 잘 어울린답니다.

굴소스 볶음 요리에 특히 잘 어울리는 굴소스는 다양한 요리에 활용합니다. 특유의 짭짤함과 감칠맛을 첨가하기 위해 사용합니다.

맛간장 음식의 간을 맞추는 용도로 사용하는 맛간장은 시판되고 있는 제품의 볶음 조림용을 사용했습니다. 많이 달거나 짜지 않아서 조림이나 볶음요리뿐만 아니라 소스로 활용해도 좋아요. 브로콜리 두부가지 덮밥(100쪽)에 사용되었어요.

트러플오일 향과 맛이 진해 마지막에 몇 방울만 떨어트려도 풍미가 달라져요. 파스타나 리소토, 감자튀김 등에 활용합니다. 개봉 후 3-6개월 지나면 향이 날아가니 되도록 작은 사이즈로 구매해서 기간 안에 소비하는 게 좋아요.

▪ 흔한 짜장라면 말고 샐러드, 감자튀김, 피자, 수프 등에도 뿌려 먹으면 너무 잘 어울린답니다.

사과 식초 사과를 발효시켜 만든 식초로 상큼한 느낌이 납니다. 드레싱이나 요리에 주로 사용해요.

쯔유 가다랑어로 맛을 낸 일본식 간장입니다. 소바, 전골, 소스 등 다양한 일본 요리에 사용합니다. 농축된 제품이 대부분이라 사용할 땐 농도를 조절해서 사용합니다.

우스터소스 짜고 시큼하면서 향신료 냄새가 나는 편이에요. 특히 스테이크나 햄버거 관련 바비큐 소스 만들 때 고기 잡내를 잡아주되 단맛은 살짝 약하답니다.

피시소스 생선을 소금 등에 절여 발효시켜 만든 소스입니다. 일종의 젓갈로 국이나 나물류의 간을 맞출 때 넣으면 음식의 감칠맛이 올라가요.

코코넛오일 코코넛 과육에서 추출된 식물성 오일이에요. 식용유 대신 코코넛오일을 넣으면 코코넛의 고소한 향과 맛을 느낄 수 있어요.

치킨스톡 수프나 국물에 맛을 더하는 조미료입니다. 고체, 액체, 파우더(가루) 등 다양한 형태로 출시되어 있답니다. 이 책에서는 액체 치킨스톡을 사용했어요.

맛술 음식의 잡내를 잡아주고 육질을 연하게 만들어 주는 효과가 있어요. 볶음, 조림, 육류 조리 시 주로 사용합니다.

알룰로스 설탕과 비슷한 맛으로 칼로리 함량이 낮아 설탕을 대체하기에 적합해요. 칼로리가 낮은 만큼 단맛은 설탕의 70% 정도로, 설탕과 같은 단맛을 내려면 좀 더 많은 양을 사용해야 합니다.

매실청 매실을 설탕과 섞어 숙성 과정을 거쳐 만든 액체입니다. 매실차로 마시거나 음식에 단맛과 풍미를 더하는 조미료입니다.

화이트 발사믹 식초 향이 좋고 새콤해서 샐러드 드레싱에 주로 사용해요. 깔끔한 맛과 색을 내고 싶을 때 활용합니다.

발사믹 식초 단맛이 강한 포도즙을 숙성시킨 식초입니다. 맛이 깊고 새콤해서 드레싱용으로 적합합니다.

땅콩버터 땅콩을 갈아 페이스트 형태로 만든 제품입니다. 빵에 스프레드로 발라 먹거나 사과와 함께 곁들여 먹어도 맛있어요. 땅콩버터는 땅콩 함량이 높은 제품을 구입하는 걸 추천합니다.

레몬즙 생선의 잡내를 잡거나 샐러드 소스로 활용되기도 해요. 레몬을 직접 짜서 사용하거나 시중에 판매되는 레몬즙을 사용해도 좋아요.

홀그레인 머스터드(씨겨자) 갈지 않은 홀그레인 머스터드로 톡톡 씹히는 식감을 느낄 수 있어요. 특히 당근라페, 샌드위치, 드레싱에 주로 사용하며 육류와도 잘 어울려요.

바질페스토 바질, 마늘, 치즈, 잣, 올리브오일 등을 곱게 갈아 만든 이탈리아 전통 소스입니다. 파스타, 피자, 빵과 함께 먹는 등 활용법이 다양해요.

속재료

절인 아티초크 귀족 채소라 불리는 아티초크. 손질이 까다로운 아티초크를 손쉽게 먹을 수 있게 나온 제품이에요. 해바라기유와 올리브오일에 절여 부드러운 식감과 담백한 풍미를 가지고 있어요. 메인 요리에 곁들여 즐기기에 좋아요.

할리피뇨 멕시코 고추로 피클처럼 만들어 주로 서양 요리에 곁들여 먹어요. 크림파스타나 피자 또는 기름진 음식과 곁들여 먹으면 아삭한 식감이 개운해요.

케이퍼 베리 케이퍼 베리는 케이퍼와 비슷한 신맛과 특유의 톡 쏘는 맛이 특징입니다. 음식의 풍미를 더하고 작은 씨가 많이 들어 있어 씹을 때마다 아삭한 식감이 매력적이에요.

썬드라이토마토 말린 토마토로 신맛이 강한 편이라 샌드위치나 샐러드에 몇 개씩 얹어 포인트로 사용하면 좋아요.

슬라이스 블랙올리브 올리브에서 씨만 제거한 제품으로 간편하게 조리 없이 먹을 수 있어요. 샐러드, 샌드위치, 피자 등 다양한 요리에 사용합니다.

페퍼론치노 이탈리아 요리에 자주 사용하는 매운 고추입니다. 파스타 요리에 주로 사용했어요. 매운맛을 조절할 때 부숴 넣어줍니다.

시나몬 파우더 시나몬을 가루 형태로 만든 재료예요. 음식에 뿌리면 특유의 향 때문에 기분이 좋아져요. 이 책에선 디저트에 주로 사용했어요.

훈연 파프리카 파우더 파프리카를 훈연해 만든 가루라 음식에 스모키한 맛이 곁들여져 좋습니다. 튀김이나 볶음 요리에 추천하며 새우 구울 때 색을 입히거나 풍미를 더해줍니다. 요리의 마무리에 뿌리는 것만으로도 포인트가 되어 색이 선명해져요.

크러시드 레드페퍼 씨까지 함께 섞여 있어 알싸한 맛이 좋습니다. 마지막에 매콤한 맛을 위해 뿌리거나 가니시로 사용합니다.

핑크 페퍼 흑후추와 다르게 아주 맵지 않고 향과 맛이 부드러워 요리 마지막에 데코용으로 사용하는 경우가 많아요. 이 책에선 샐러드, 리소토 등에 사용했어요.

조각 다시마 육수 낼 때 사용하는 다시마로 감칠맛을 더해주기도 하는데요. 자른 다시마는 쓰기도 편하고 지퍼백으로 되어 있어 보관도 용이하답니다.

코인 육수 요즘은 육수 낼 때 코인 육수를 많이들 사용하는데요. 국물 요리나 감칠맛이 필요한 모든 요리에 한 알 넣어 사용해 보세요. 책에서는 멸치와 야채가 들어간 코인 육수를 사용했어요.

| 치즈

그라나파다노 치즈 이탈리아 치즈로 소젖으로 만들어요. 단단한 치즈라 치즈그레이터로 갈아 사용해요. 파스타, 피자, 샐러드 등 이탈리아 요리에 사용되는 치즈로 짭짤하며 특유의 감칠맛이 좋아요. 간을 해야 할 때 소금 대신 넣기도 해요.

페타 치즈 그리스의 대표적인 치즈로 양젖 혹은 염소젖으로 만들어 소금물에 숙성시킨 치즈예요. 샐러드나 샌드위치, 오믈렛 등에 뿌려서 먹기도 해요. 짭짤한 맛 때문에 요리에 사용할 때는 소금 사용량을 조절해 주어야 합니다.

브리 치즈 프랑스를 대표하는 소프트 치즈로 그대로 먹기도 하고, 빵에 스프레드처럼 발라 먹기도 해요. 와인 안주로도 좋습니다.

부라타 치즈 이탈리아 치즈로 우유 혹은 물소젖으로 만든 신선한 치즈입니다. 부라타 치즈는 샐러드, 파스타, 바삭한 빵에 곁들이기 좋아요.

크림 치즈 우유와 크림을 섞어 만든 치즈로 맛이 부드럽고, 짠맛 대신 신맛이 나는 게 특징이에요. 식빵이나 베이글에 발라 먹거나 디저트용 베이킹 재료로 많이 사용합니다.

파마산 치즈 피자, 파스타, 샐러드에 뿌려 먹기 좋고 가루로 된 치즈는 개봉 후에는 꼭 냉장 보관해야 합니다.

하바티 치즈 덴마크 대표 치즈로 커드를 압착하고 숙성해 만든 소프트 치즈예요. 풍미가 풍부하고 토스트나 샌드위치 안에 주로 넣어서 먹어요. 치즈 사이사이에 유산지가 있어 한 장씩 사용하기도 편하답니다.

| 파스타

스파게티 가장 대중적인 파스타로 가늘고 긴 소면 모양을 가지고 있어요. 모든 소스와 잘 어울리며 활용도가 높은 파스타입니다.

링귀니 스파게티를 납작하게 눌러놓은 듯한 모양입니다. 단면이 납작하고 타원형이라 소스가 면에 더 배는 특징이 있어요.

카펠리니 매우 가늘고 얇은 파스타. 굵기에 비해 잘 퍼지지 않는 게 특징입니다. 냉파스타로 먹을 경우 1-2분 정도 더 삶아주세요.

리가토니 튜브 모양의 숏 파스타로 소스가 잘 배는 게 특징입니다. 대부분의 소스류와 잘 어울리며 쫄깃한 식감을 갖고 있어요.

파케리 리가토니와 비슷한 모양으로 구멍 크기가 더 큰 숏 파스타입니다. 향이 강한 소스와 잘 어울립니다.

ㅣ 허브

로즈마리 향을 입히는 데 쓰이는 대표적인 허브입니다. 스테이크를 구울 때 잡내를 잡아주고 소스에 향을 더해 풍미를 살려줍니다.

파슬리 서양 요리에 많이 쓰이는 대표적인 허브입니다. 주로 파스타나 수프에 넣어 향긋함을 곁들이는데 어느 요리에나 잘 어울립니다. 책에는 이탈리아 파슬리, 곱슬 파슬리가 모두 사용됩니다.

바질 모든 요리와 잘 어울리는 허브입니다. 토마토와 가장 잘 어울리고, 이탈리아 요리에서 파스타나 피자 등에 곁들이면 바질 특유의 풍부한 향을 진하게 느낄 수 있어요.

루꼴라 피자의 토핑 또는 파스타의 부재료로 자주 쓰이는 허브입니다. 고소하고 쌉싸름한 맛과 톡 쏘는 매운 향을 갖고 있어요.

차이브 서양 쪽파라 불리며 톡 쏘면서 향긋한 것이 특징인 향신료입니다. 잘게 송송 썰어 요리에 사용하기도 합니다.

딜 연어와 같은 해산물 요리에 잘 어울리는 허브입니다. 달걀, 치즈와도 잘 맞고 과일이나 요거트에 곁들여 다양하게 활용하기 좋아요.

타임 로즈마리와 비슷한 향을 갖고 있지만 나무향이 좀 더 강하며 가느다란 줄기가 특징입니다. 디저트 데코로 활용하면 멋 내기에도 좋아요.

Chaem's 도구 소개하기

실리콘 주걱 자주 사용하는 조리도구예요. 고온에서 사용해도 안전하고 편리한 소재라 볶음 요리를 많이 한다면 하나쯤 갖추고 있으면 좋아요.

치즈그레이터 치즈를 갈 때 사용하는 도구로 요리 마지막에 치즈나 레몬, 라임 껍질 등을 갈아 풍성하게 올려주면 음식의 맛과 풍미가 확 달라져요.

에그 슬라이서 삶은 달걀을 칼로 자르면 모양도 흐트러지기 쉬운데 에그 슬라이서를 사용하면 균일하고 깔끔하게 잘라집니다.

조리용 집게 주로 튀김 요리를 집을 때 사용해요. 고기를 굽거나 튀김 요리, 데친 야채 등을 건져낼 때 사용해요.

조리 핀셋(대) 핀셋의 길이가 길어 조리할 때나 파스타 면을 말아서 플레이팅 할 때 사용합니다.

조리 핀셋(소) 주로 작은 재료를 집을 때 사용하면 편리해요. 섬세한 플레이팅이나 데코할 때 손으로 집기 힘든 작은 식재료나 부서지기 쉬운 잎파리 등을 집어 옮길 때 사용하면 편합니다.

우드 머들러 음료의 머들러로 쓰거나 요리할 때는 뭉친 반죽을 풀거나 달걀물 만들 때도 사용하기 좋아요.

마늘 다지기 한 번에 눌러 마늘을 으깰 수 있는 조리도구입니다. 마늘 다지기 챔버에 마늘을 넣고 두 손잡이를 한꺼번에 죄면 챔버 안에서 으깨진 마늘을 바로 사용할 수 있어 편리합니다.

스쿱 음식물을 보기 좋게 떠낼 때 편리한 스푼이에요. 아이스크림은 물론 동그란 모양을 낼 때 사용하기 좋아요.

계량스푼 재료를 계량해 사용하면 요리가 좀 더 편해요. 일체형 계량스푼으로 큰 수저(T)는 15㎖, 작은 수저(t)는 5㎖를 계량할 수 있어요.

레몬 스퀴저 레몬이나 라임 등 과실의 즙을 짜낼 수 있는 도구로, 즙을 짜내며 레몬 씨앗을 걸러낼 수 있어요.

깨갈이 절구 아담한 사이즈인 절구에 깨를 넣고 갈아 음식에 뿌려 먹으면 깨의 고소함을 한껏 느낄 수 있어요.

주먹밥 틀(가로 85mm * 세로 80mm * 높이 50mm) 삼각김밥, 초밥, 주먹밥 등을 손쉽게 만들 수 있는 틀이에요. 밥을 넣고 꾹꾹 누르기만 하면 예쁜 삼각김밥 모양이 완성된답니다. 도시락 준비할 때 간편하게 사용할 수 있어요.

야채 탈수기 샌드위치를 만들어 먹거나 샐러드에 들어가는 재료를 물기 없는 상태로 만들 때 활용하면 좋은 아이템이에요.

🔖 평소 샐러드를 자주 만든다면 야채 탈수기를 적극 추천합니다. 손바닥으로 푸시 해서 작동하면 되는데 잎채소나 쌈야채 등을 물기 없이 보송하게 드실 수 있답니다.

필러 각종 채소의 껍질을 쉽게 제거하기 위한 도구입니다.

채망 캔참치 기름을 제거할 때나 베이킹 마무리로 슈거파우더 뿌릴 때도 제격이랍니다.

계량컵 내열 유리로 열에 강하고 내용물 확인이 가능하며 정확한 계량이 필요할 때 활용하면 좋습니다. 계량컵에 바로 양념을 계량해 넣고 섞거나 손잡이가 있어 육수나 달걀물을 부을 때 편하게 사용할 수 있어요. 계량컵으로 1컵은 200ml이고, 1/2컵은 100ml입니다.

Chaem's 계량하기

계량스푼

1큰술(1T) = 15ml	1작은술(1t) = 5ml

▪ 밥숟가락으로 계량할 경우 수북이 가득 담은 1T는 1숟가락, 1t는 1/2숟가락입니다.

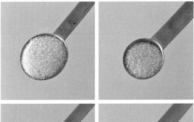

설탕, 소금, 고춧가루 등
가볍게 담은 후 윗면을 평평하게 깎아요.

물, 간장, 맛술 등
윗부분까지 내용물이 찰랑거리게 담아요.

토마토소스, 고추장 등
스푼에 가득 담은 후 젓가락으로 윗부분을
평평하게 깎아요.

약간

엄지손가락과 집게손가락으로 꼬집었을 때의 양이에요.

▪ 그 밖의 계량법인 적당량의 양은 기호에 따라 조절해서 넣어주세
요. 한 줌은 보통 한 손에 자연스럽게 쥘 때의 양이며, 생략 가능은 취
향에 따라 빼거나 넣어도 돼요.

Chaem's 재료 준비하기

아보카도 숲속의 버터라 불리며 부드러운 식감이 특징인 아보카도는 스프레드로 활용하거나 소스의 재료 또는 샐러드 등에 넣어 먹어요.

양송이버섯 버섯 중 단백질 함량이 가장 높아요. 볶음 요리와 소스 재료로 많이 사용해요. 키친타월로 가볍게 닦아 손질해서 사용해요.

래디시 방울무라고도 하며 새빨간 껍질이 매력적인 채소랍니다. 샐러드나 플레이팅에 주로 사용해요. 뿌리열매만 사용할 경우 잎은 떼어내고 흐르는 물에 문질러 씻어줍니다.

냉동 새우 미리 손질된 냉동 새우는 감바스나 파스타, 볶음밥 등에 다양하게 사용할 수 있어요. 물에 담가 해동하여 물기를 제거한 뒤 맛술, 소금, 후추를 뿌려 밑간한 뒤 조리해 주세요.

감자 물에 깨끗이 씻은 감자는 필러를 이용해 껍질을 벗긴 뒤 표면 홈이 있는 부분은 칼로 도려낸 후 사용해 주세요.

방울토마토 일반 토마토보다 당도가 높고 영양분도 풍부해요. 요리에 멋을 더하는 부재료로도 다양하게 사용해요.

연어 고단백 저칼로리 생선이에요. 횟감부터 구이, 찜까지 다양하게 요리할 수 있답니다. 연어는 키친타월로 겉에 묻은 물기를 제거한 후 원하는 두께로 잘라 사용합니다.

오이 물에 깨끗이 씻어 껍질까지 사용할 경우엔 쓴맛이 나는 오돌토돌한 가시 부분은 필러로 제거해 주세요.

두부 요리 전에 키친타월로 물기를 제거한 뒤 소금, 후추 등으로 밑간을 해주면 좋아요.

잎채소 흐르는 물에 깨끗이 씻어 야채 탈수기를 이용해 표면에 묻은 물기는 제거해야 소스와 잘 섞여요. 잎채소는 모든 재료를 준비한 후 마지막에 꺼내는 것이 중요해요. 그래야 신선한 맛을 즐길 수 있답니다. 칼로 자르면 철이 닿은 부분에 색이 변할 수 있어 먹기 직전에 손으로 찢어서 사용해 주세요. 크기가 작은 잎채소는 그대로 사용합니다.

빵 이 책에서는 사워도우, 곡물빵, 효모빵, 식빵 등 다양한 종류의 빵을 사용했어요. 모두 담백하고 고소한 맛이 특징이랍니다. 토스트, 샌드위치로 만들어 먹거나 속재료에 따라 특유의 맛을 느낄 수 있을 거예요.

병아리콩 삶는 방법

1   병아리콩은 전날 냉장고에서 7시간 불려주세요.

2   냄비에 병아리콩이 잠길 만큼 물을 넉넉히 부은 다음 소금 1t를 넣고 40분간 삶
    아줍니다.

3   중간중간 거품을 제거해 주세요.

4   물이 부족하면 중간에 물을 보충하면서 삶아줍니다.

5   삶은 병아리콩은 찬물에 헹궈서 식혀주세요.

파스타면 삶는 방법

냄비에 물을 넉넉히 넣고 끓으면 소금과 면을 넣어줍니다. 면이
들러붙지 않게 잘 저어 중간에 심지가 있는 알덴테 상태가 될 때
까지 삶아주세요.

◾ 제품마다 면 삶는 시간이 다르니 포장지에 적힌 시간을 확인하는 게
좋아요. 면 삶은 물(면수)은 버리지 말고 소스의 농도를 맞출 때 사용
해요. 콜드 파스타로 먹을 땐 파스타 면을 찬물에 헹궈주면 면발이 훨
씬 탱글탱글하고 플레이팅할 때 1차로 면 정리를 하기가 수월해요.

◾ 파스타면 1인분: 언제나 어려운 파스타 양 조절은 많이 알려진 손가
락으로 100원짜리 동전 모양의 크기를 만들거나 페트병 뚜껑을 이용
하면 쉽게 양을 조절할 수 있어요.

수란 만드는 방법

1   수란을 만들기 위해서는 손잡이가 하나인 편수냄비 또는 소스팬 같이 깊이가 있는 냄비나 팬이 필요해요. 소스팬의 깊이는 15cm 내외로 너무 깊지도, 얕지도 않은 것이 좋습니다. 물 1L당 식초 1T 정도를 넣고 끓여 주세요.

2   물이 전체적으로 팔팔 끓을 때 중불에서 중약불로 불을 살짝 낮춰주고 국자나 스푼을 이용해 물속에 회오리를 만들어 줍니다.

3   달걀을 깨트려 넣고 모양이 잡혔다면 중약불에서 약불로 불을 좀 더 낮춰 수란을 3분간 천천히 익혀주세요.

4   국자로 수란을 들어 살짝 흔들었을 때 흰자가 터지지 않을 만큼 탄탄하면 완성입니다.

  ▪ 완성된 수란이 너무 뜨겁다면 물에서 꺼낸 후에도 계속해서 익게 되므로 찬물에 담가 재빨리 열을 식혀 오버쿡 되지 않도록 해야 합니다.

Chaem's 플러스 노하우

흔히 먹는 요리에 색다른 변화를 주고 싶지 않나요. 요리는 맛있게 만들었지만 접시 위 요리 비주얼이 뭔가 아쉬울 때 한 끗 차이로 멋지게 차려 먹을 수 있어요. 평범한 요리도 유니크하면서 독특하게 플레이팅 해보세요.

1 컬러 배치

콥샐러드나 포케 같은 경우엔 채소의 색깔마다 효능과 영양소도 다르니 다양하고 조화롭게 담는 게 중요해요. 콥샐러드의 드레싱은 재료가 잘 보이게끔 중간에만 뿌려주고, 컬러 포인트로 사용하고 남은 딜을 데코로 뿌려주면 훨씬 신선해 보인답니다. 편안한 느낌을 주고 싶다면 비슷한 색끼리, 화려함을 주고 싶다면 보색 대비를 활용하는 것도 방법이에요.

2 평범한 요리는 색다른 플레이팅으로 포인트 주기

재료가 한정적이거나 단조롭다면 정갈한 플레이팅이나 포인트 가니시로 멋을 더하는 편이랍니다. 예를 들어 브리 치즈도 토스트 위에 올릴 때 슬라이스보단 색다르게 깍둑썰기로 잘라 올리는 거예요. 같은 음식도 특별하게 보인답니다. 초당 옥수수 후무스 토스트(178쪽)엔 초당 옥수수를 세로로 길게 잘라서 올려주면 훨씬 먹음직스러워 보이는 효과가 있어요.

3 재료들이 포인트가 되게 올려주기

오픈 토스트나 샌드위치 같은 경우 재료가 많이 들어갈수록 비주얼도 맛도 풍성해져요. 오픈 토스트는 재료를 차곡차곡 볼륨감 있게 높이 얹어 주세요. 재료가 간단할 땐 토스트 주변에 부재료를 올려 완성해요. 샌드위치는 단면이 예쁘려면 어떤 방향으로 자를 건지 정하고 재료의 위치를 잡아줍니다. 단 수분이 많은 재료는 수분을 충분히 제거한 뒤 올려주세요.

4 면 요리는 돌돌 말아 정갈하면서도 깔끔하게 담아주기

콜드 파스타나 소면 같은 경우엔 물에서 1차로 면을 정리한 뒤 조리 핀셋을 이용해 말아준 다음 면을 손바닥으로 받쳐 돌돌 말아주면 그릇에 담았을 때 훨씬 정갈해 보입니다.

5 심플하지만 음식이 돋보이는 화이트 접시 사용하기

제 그릇은 화이트 톤이 대부분인데요. 뭘 담아도 깔끔하고 음식을 돋보이게 하거든요. 같은 브랜드의 그릇이 아니더라도 그릇끼리 매치하기도 쉬워 화이트나 아이보리 색감의 그릇을 선호하는 편이에요. 심플한 색감이라도 다양한 형태의 그릇을 사용해 센스 있게 활용할 수 있답니다.

6 다양한 제철 식재료 이용하기

제철 식재료를 활용하면 맛과 건강은 덤으로 챙길 수 있답니다. 제철 봄나물, 해산물, 과일, 야채를 이용해 메인 요리 또는 가니시로 활용하면 훨씬 풍성해 보이는 효과가 있어요. 저는 흰 양파 대신 색감이 선명한 적양파를 7-9월 사이 제철일 때 포인트로 쓰기도 해요.

7 허브나 부재료 적극 활용하기

완성된 요리에 어울리는 색상을 골라 장식하는 것도 방법이에요. 음식에 멋을 더하는 느낌이랍니다. 파스타나 토스트엔 푸릇한 허브를 올리거나 한식엔 청고추, 홍고추를 올려 색감을 살릴 수 있어요. 마무리로 치즈, 파슬리, 슈거파우더 등을 뿌려 포인트로 활용해요.

1

하루의 시작을 위한
가벼운 아침

콥샐러드

콥이라는 미국 레스토랑 사장의 이름을 따 만들어진 메뉴로
냉장고 속 자투리 재료를 이용해 만들었다고 해서 붙여진 이름이에요. 과일과 채소, 단백질까지
곁들여 영양 밸런스를 맞추면서 싱그러운 색감으로 먹기 전부터 기분이 좋아져요.

재료

분량 2인분

아보카도 반 개	콘옥수수 4T	마요네즈 2T
냉동 닭가슴살 100g	삶은 달걀 1개	레몬즙 1t
슬라이스 블랙올리브 3T	딜 1줄기	꿀 1T
방울토마토 6-7개	▶ 드레싱	소금 약간
오이 1/3개	그릭요거트 3T	후추 약간

만드는 법

1   삶은 달걀은 에그 슬라이서로 잘라주고 냉동 닭가슴살은 에어프라이어에 180도로
         15분 구워 먹기 좋게 자른다. 방울토마토와 아보카도, 오이는 깍둑썰기 해준다. 딜
         은 잘게 다져준다.

2   볼에 그릭요거트, 마요네즈, 레몬즙, 꿀, 소금, 후추를 넣고 골고루 섞어 준다.

3   그릇에 슬라이스 블랙올리브를 포함한 샐러드 재료들을 차례로 올려준다.

4   소스를 뿌려준 뒤 딜을 올려 마무리한다.

Chaem's TIP   냉장고 사정에 맞게 다양한 재료로 만들면 돼요. 닭가슴살을 대체할 새우 또는 두부를 구워 넣어도
                         좋고, 단호박, 고구마도 추천해요. 재료가 다양할수록 컬러감이 예뻐요. 달걀을 자를 땐 에그 슬라이
                         서를 사용하면 칼로 자를 때보다 편하고 모양도 일정해서 예뻐요.

초당 옥수수 수프

여름 제철 음식이면서 아삭한 식감이 특징인 초당 옥수수로 만든
달콤한 초당 옥수수 수프예요. 설탕을 넣지 않아도 충분히 달고 맛있답니다.
버터향 가득한 크루아상을 수프에 찍어 즐겨 보세요.

재료

분량 2인분

초당 옥수수 4개	생크림 200ml	소금 1/3t
양파 1/2개	우유 200ml	파슬리 약간
버터 15g	물 200ml	

만드는 법

1   초당 옥수수는 찜기에 10분 정도 찐 다음 알맹이만 발라주고 양파 1/2개는 채 썰어
     준다.

2   냄비에 버터, 초당 옥수수, 채 썬 양파를 넣고 양파가 투명해질 때까지 볶아준다.

3   물, 생크림, 우유를 넣고 소금으로 간을 맞춰준다.

4   핸드 블렌더로 갈아주고 약불에 한 번 더 끓여서 완성한다. 그릇에 담고 파슬리를
     올려 마무리한다.

Chaem's TIP   수프에 우유 거품을 올려주고 토핑용 옥수수에 토치질을 해주면 불맛과 함께 훨씬 먹음직스러워져
                  요. 버터향 가득한 크루아상과 함께 드시는 걸 추천해요.

감자 수프

갑자기 추워진 날씨에는 수프 생각이 간절해져요. 미리 만들어 놓고
따뜻하게 데워 내기만 하면 되니 바쁜 아침에 먹기 좋아요. 든든하고 부담스럽지 않은
따뜻한 감자 수프로 아침을 시작해 보세요.

재료

분량 2인분

감자 3개	생크림 250ml	파마산 치즈 2T
양파 1/2개	물 200ml	소금 1/3t
버터 15g	치킨스톡 1t	후추 약간

만드는 법

1   감자는 얇게 썰어주고 양파도 채 썰어준다.

2   냄비에 버터, 양파, 감자를 넣고 양파가 투명해질 때까지 볶아준다.

3   물을 붓고 약불에 10분간 감자를 익혀준 뒤 생크림, 치킨스톡을 넣어준다.

4   핸드 블렌더로 갈아준다.

5   마지막에 파마산 치즈를 넣고 한 번 더 끓인 후 부족한 간은 소금, 후추를 뿌려 마무리한다.

Chaem's TIP   씹히는 맛이 좋으신 분들은 조금만 갈아주세요. 먹다 남은 빵이 있으면 크루통을 만들어 수프와 곁들여 드세요.

아스파라거스 크림수프

푸릇푸릇한 아스파라거스는 주로 베이컨 말이나 가니시로
곁들여 먹는 재료 중에 하나죠. 아스파라거스로 수프를 만들어 먹어도 너무 맛있답니다.
아스파라거스의 푸릇한 색감은 먹기 전부터 벌써 건강한 느낌이 들어요.

재료

분량 2인분

아스파라거스 7-8개
감자 2개
양파 1/2개
버터 15g

생크림 200ml
우유 200ml
치킨스톡 1t
슬라이스 치즈 1장

그라나파다노 치즈 적당량

◦ **만드는 법**

1   아스파라거스는 손가락 마디 크기로 잘라주고 데코용 아스파라거스는 따로 빼둔
다. 감자는 얇게 썰어주고 양파는 채 썰어준다.

2   냄비에 버터를 넣고 녹인 뒤 양파를 넣고 볶다가 양파가 투명해지면 감자도 같이
넣고 볶아준다.

3   아스파라거스를 넣어준 뒤 5분 정도 더 볶아준다.

4   야채가 어느 정도 익었을 때 생크림, 우유를 넣고 끓어오르면 불을 꺼준다.

5   핸드 블렌더로 부드럽게 갈아주고 치킨스톡, 슬라이스 치즈를 넣고 한소끔 더 끓인다.

6   그릇에 담고 아스파라거스 토핑을 해준 뒤 그라나파다노 치즈를 뿌려준다.

Chaem's TIP   감자는 빨리 익을 수 있도록 2-3mm 두께로 얇게 썰어주세요. 크림수프 색감을 위해 양파와 감자는
               볶을 때 타지 않도록 주의하세요.

버섯 샐러드

에어프라이어를 이용해 간단하게 만든 버섯 샐러드예요.
저렴하면서 활용도 좋은 버섯으로 고퀄리티 메뉴 느낌을 낼 수 있답니다.
고기가 들어가지 않아도 쫄깃한 식감으로 먹는 즐거움이 있어요.

재료

분량 1인분

새송이버섯 2개	소금 약간	레몬즙 1t
느타리버섯 100g	후추 약간	발사믹 식초 1T
골드 팽이버섯 100g	페타 치즈 적당량	알룰로스 1T
어린잎 채소 30g	▶ 드레싱	홀그레인 머스타드 1t
방울토마토 5개	올리브오일 2T	
올리브오일 적당량	맛간장 1T	

만드는 법

1 방울토마토는 반으로 자른다.

2 볼에 올리브오일, 맛간장, 레몬즙, 발사믹 식초, 알룰로스, 홀그레인 머스타드를 넣고
   드레싱을 만든다.

3 준비한 버섯에 올리브오일, 소금, 후추를 뿌려 에어프라이어에 170도로 8분 구워준다.

4 접시에 어린잎 채소를 얹고 구운 버섯과 방울토마토를 올려준다.

5 페타 치즈를 올리고 드레싱을 뿌려준다.

Chaem's TIP 버섯을 구울 땐 올리브오일 스프레이 사용해서 골고루 뿌려줘야 타지 않게 익힐 수 있어요. 올리브
오일은 두 가지 종류를 사용했어요. 버섯을 구울 때는 일반 올리브오일을 뿌려도 괜찮습니다. 부족
한 단백질은 닭가슴살 또는 두부를 구워서 곁들이면 좋습니다.

후무스 오이버섯 토스트

병아리콩으로 만들어 영양과 단백질을 듬뿍 챙길 수 있는 후무스를
쫄깃한 빵 위에 발라주고 여기에 아삭한 오이와 쫄깃한 구운 버섯을 올려주면
맛과 식감의 조합이 좋아요.

재료

분량 1인분

사워도우 1장	검은깨 약간	올리브오일 3T
양송이버섯 3-4개	트러플오일 1T(생략 가능)	소금 1t
오이 반 개	▶ 후무스	레몬즙 2T
크러시드 레드페퍼 약간	병아리콩 180g	간 참깨 3T
소금 약간	병아리콩 삶은 물 100ml	
후추 약간	마늘 1톨	

응용하기

병아리콩 삶는 방법(32쪽)을 참고해 주세요. 후무스 활용 방법으로 남은 후무스는 채소 스틱에 찍어 드시거나 크래커와 함께 드시는 걸 추천드려요.

만드는 법

1   양송이버섯과 오이는 얇게 채 썰어준다.

2   전날 7시간 이상 불려 둔 병아리콩은 냄비에 소금 1t 넣고 손으로 눌렀을 때 으깨질
    정도로 40분간 삶아준다.

3   믹서기에 삶은 병아리콩, 마늘, 올리브오일, 레몬즙, 간 참깨와 병아리콩 삶은 물을
    넣고 갈아 후무스를 만들어준다.

4   양송이버섯은 소금, 후추를 뿌려 구워준다.

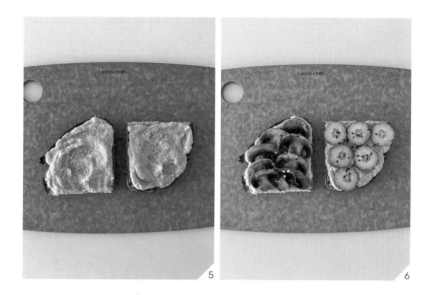

5   바삭하게 구워 준비한 사워도우를 반으로 자른 뒤 각각 후무스를 발라준다.

6   한쪽은 구운 양송이버섯, 크러시드 레드페퍼, 트러플오일을 뿌려주고 다른 한쪽엔
        오이와 소금, 후추, 검은깨를 뿌려준다.

Chaem's TIP   병아리콩은 전날 7시간 이상 냉장고에서 불려주세요. 냄비에 병아리콩이 잠길 만큼 물을 넉넉히 넣
                   고 삶아주세요. 후무스를 만들 때는 편하게 통조림 병아리콩을 사용해도 좋아요. 트러플오일로 풍미
                   를 더해보세요.

가지 애호박 토스트

가지와 애호박을 색다른 양식 스타일로 만들어봤어요.

토마토소스를 바른 빵 위에 구운 가지와 애호박을 얹어주고 짭짤한 페타 치즈를 더해주면

간단한 식사로 충분히 만족하실 거예요.

재료

분량 1인분

사워도우 1장	토마토소스 2T	소금 약간
가지 반 개	토마토 페이스트 2T	후추 약간
애호박 반 개	올리브오일 적당량	페타 치즈 적당량

만드는 법

1   가지와 애호박은 3-4mm 굵기로 썰어준다.

2   볼에 토마토소스와 토마토 페이스트를 섞어준다.

3   바삭하게 구운 사워도우 위에 2의 소스를 바르고 썰어 둔 가지와 애호박을 빵 위에
      올려준 뒤 올리브오일, 소금, 후추를 뿌려 오븐에서 170도로 15분 구워준다.

4   구운 빵 위에 페타 치즈를 뿌려준다.

Chaem's TIP   페타 치즈 대신 모차렐라 치즈를 올려 오븐에 구워도 맛있답니다. 야채만으로는 조금 아쉽다면 샌드
위치 햄 또는 베이컨을 추가해 보세요.

루꼴라 버섯 토스트

냉장고 속 흔한 재료인 버섯으로 만든 토스트예요.
쌉싸름한 루꼴라를 듬뿍 얹고 양송이버섯을 발사믹에 졸여 올려줬어요.
마지막에 트러플오일을 살짝 둘러주면 풍미 가득한 토스트 완성이에요.

재료

분량 1인분

효모빵 1장	크림 치즈 2T	소금 약간
루꼴라 한 줌	발사믹 식초 2T	후추 약간
양송이버섯 4-5개	올리브오일 적당량	트러플오일 1T

만드는 법

1   양송이버섯은 4등분으로 자른다.

2   달군 팬에 올리브오일 두르고 양송이버섯을 넣은 뒤 발사믹 식초, 소금, 후추를 뿌리고 타지 않게 졸여주듯이 2-3분간 볶아준다.

3   바삭하게 구운 효모빵에 크림 치즈를 발라준다.

4   빵 위에 루꼴라 얹고 2의 구운 양송이버섯을 올려준다.

5   마지막에 트러플오일을 뿌려준다.

Chaem's TIP   양송이버섯은 4등분으로 잘라줘야 식감도 좋고 토핑이 훨씬 푸짐해 보여요. 트러플오일은 열을 가하면 특유의 향과 맛이 날아가니 풍미를 위해 마지막에 뿌려주세요. 담백하고 식감이 좋은 파리바게트 효모빵 추천드려요.

오이 달걀 토스트

식빵에 오이라니 썩 어울리지 않는 재료라 생각할 수 있어요.

시원하고 아삭한 오이를 고소한 반숙란과 함께 올려 맛과 영양을 챙겼답니다.

여기에 허브 딜을 곁들여 향긋함을 추가했어요.

재료

분량 1인분

식빵 1장	크림 치즈 2T	소금 1/2t
오이 반 개	딜 1줄기	후추 약간
달걀 1개	올리브오일 2T	

만드는 법

1 달걀은 끓는 물에 6분 동안 반숙으로 삶아준다.

2 오이는 필러로 얇게 슬라이스해서 소금에 10분간 절여둔다.

3 바삭하게 구운 식빵에 크림 치즈를 발라준다.

4 절여둔 오이는 물기를 짜서 지그재그 물결 모양으로 접어 얹어준 뒤 위에 반숙란을 올려준다.

5 후추, 올리브오일을 뿌려준 다음 딜을 올려 플레이팅 해준다.

Chaem's TIP 달걀은 6분 정도 삶아주면 노른자가 흐르는 반숙으로 익어요. 반숙이 싫다면 취향껏 익혀도 괜찮습니다. 허브를 함께 플레이팅 해주면 눈과 입이 즐거워져요.

시금치 토스트

겨울에 더 맛있는 시금치. 볶음 시금치와 수란이 어우러져 맛 밸런스가 좋아요.

간단하면서 든든한 아침 메뉴로 추천드려요.

심플한 조합이지만 담백한 맛 때문에 또 찾게 될 거예요.

재료

분량 1인분

식빵 1장
시금치 200g
달걀 1개

슬라이스 치즈 1장
올리브오일 적당량
소금 약간

후추 약간
그라나파다노 치즈 약간
크러시드 레드페퍼 약간

만드는 법

1 달군 팬에 올리브오일을 두른 뒤 씻은 시금치를 넣고 소금, 후추를 뿌려 살짝만 볶아준다.

2 냄비에 물 500ml를 넣고 물이 끓기 시작하면 중불로 줄인 뒤 숟가락을 이용해 작은 회오리를 만든 뒤, 달걀을 깨서 넣고 3분 정도 익힌다.

3 노릇하게 구운 식빵 위에 슬라이스 치즈를 깔아준 뒤 볶은 시금치를 올려주고, 수란을 얹어준다.

4 그라나파다노 치즈, 크러시드 레드페퍼를 뿌려준다.

Chaem's TIP 시금치는 볶다 보면 양이 줄어요. 넉넉히 넣어 볶아주세요. 슬라이스 햄이나 베이컨을 같이 곁들여도 괜찮답니다. 간이 조금 심심할 경우 발사믹 식초를 뿌려 주면 좋아요.

오이 참치 주먹밥

주먹밥은 도시락 메뉴로 많이 만들어 간단한 한 끼 식사로 먹기도 하는데요.
불로 조리할 필요 없이 간단히 만들어 보세요. 중간중간 씹히는 오이가 아쉬운 식감을
대신해줘 질리지 않고 깔끔한 맛으로 즐길 수 있어요.

재료

분량 2인분

밥 1공기
오이 반 개
참치 1캔
마요네즈 3T

맛간장 1t
후추 약간
맛소금 약간
참기름 2T

참깨 1T
김밥김 1장

응용하기

주먹밥에 다른 재료로 멸치볶음과 마요네즈를 더해 만들거나 스팸을 잘게 잘라 구워 넣을 수 있어
요. 오이 대신 단무지를 넣어도 맛있답니다.

만드는 법

1 오이는 얇게 썰고 참치는 체망에 걸러 기름을 제거한다.

2 채 썰어둔 오이에 맛소금을 뿌려 10분간 절이고 물기를 짜준다.

3 밥에 맛소금, 참기름, 참깨를 넣고 고루 섞어준다.

4 볼에 절여둔 오이, 참치, 맛간장, 마요네즈, 후추를 넣고 섞어준다.

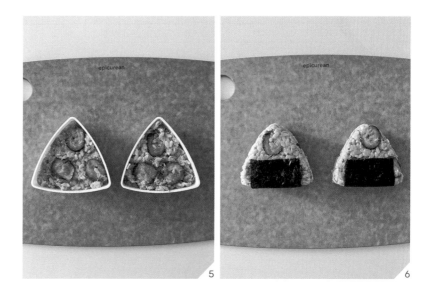

5   3과 4를 섞어 삼각김밥 틀에 넣어준다.

6   주먹밥 크기에 맞게 김밥김을 잘라 주먹밥을 감싸 마무리한다.

Chaem's TIP   삼각김밥 틀(85mm*80mm*50mm)에 밥을 넣고 위에 절인 오이 몇 개를 올려주면 주먹밥에 재료
모양이 잘 보여서 플레이팅 포인트가 돼요. 크리스피 어니언을 같이 곁들이면 재료들과 함께 다채로
운 식감을 느낄 수 있어요. 김밥김이 없다면 조미김을 사용해도 괜찮아요.

2

에너지 가득 담은
든든한 점심

고등어 온소바

양념에 졸인 고등어를 온소바와 함께 즐겨보세요. 따끈한 온소바 국물과
순살 고등어 조합이 아주 조화로워요. 고등어가 들어가서 비릴 것 같지만 비린 맛 없이
짭짤하고 달달한 고등어에 반하게 될 거예요.

재료

분량 1인분

순살 고등어 1마리
메밀면 100g
물 250ml
쯔유 2T
고추냉이 약간

쪽파 적당량
김가루 약간
▶ 양념장
맛간장 2T
맛술 1T

설탕 1t
알룰로스 1T
물 3T

준비하기 고등어는 순살로 된 제품을 사용하면 편해요. 에어프라이어 대신 팬에 구울 땐 팬을 충분히 달군 다음 기름을 두르고 껍질 부분부터 바삭하게 4분 구워주고 뒤집어서 3분 더 구워주세요.

만드는 법

1   해동한 고등어는 에어프라이어에서 200도로 10분 돌려준다.

2   쪽파는 2-3mm로 송송 썰어준다.

3   메밀면은 4분 삶아준 뒤 찬물에 헹궈서 준비한다.

4   볼에 맛간장, 맛술, 설탕, 알룰로스, 물을 넣고 양념장을 만들어준다.

5   달군 팬에 고등어와 양념장을 붓고 약불에 졸여준다.

6   냄비에 물과 쯔유를 넣고 끓여준다.

7   찬물에 헹군 메밀면을 그릇에 담고 쯔유로 간한 육수를 부어준 뒤 고추냉이, 쪽파,
        김가루를 올려준다.

Chaem's TIP   고등어 위에 레몬 슬라이스를 함께 올려주면 비린 맛이 덜해요. 생물 고등어 사용 시 키친타월에 물기
                       를 제거한 후 구워주세요. 더운 여름에는 시원하게 냉소바로 즐겨보세요.

달걀김밥

달달한 노란 달걀말이를 통으로 넣어 김밥으로 만들었어요.
마요네즈와 고추냉이를 올려 보세요. 들어간 건 별거 없지만 한번 먹어보면
담백한 맛이 계속 생각날 정도로 은근 별미랍니다.

재료

분량 2인분

밥 1공기	설탕 1T	참깨 약간	
달걀 4개	소금 0.5t	식용유 약간	
김밥김 1장	맛소금 약간		
맛술 1T	참기름 약간		

만드는 법

1 볼에 밥, 맛소금, 참기름, 참깨를 넣고 섞어준다.

2 달걀, 맛술, 설탕, 소금을 넣고 달걀물을 만든다.

3 팬에 식용유를 약간 넣고 달걀물을 조금씩 부어가면서 약불에 달걀말이를 만들어
   준다.

4 달걀말이는 랩으로 감싸고 양쪽을 말아준 뒤 동그랗게 모양을 만들어준다.

5   4를 김발로 말아준 뒤 잠시 놔둔다.

6   김밥김 위에 밥을 깔고 달걀말이를 올려서 말아준다.

7   김밥 겉면에 참기름을 바르고 적당한 크기로 썰어준다.

Chaem's TIP   달걀 물은 체에 걸러 사용하면 훨씬 부드러워져요. 삼삼한 맛 때문에 떡볶이 같은 분식류와도
              잘 어울려요. 부드러운 달걀김밥을 명란마요 또는 와사비와 드셔보세요.

참치 비빔밥

집에 캔참치는 항상 있는 것 같아요. 비빔밥이 당장 먹고 싶을 때 야채 듬뿍 깔고
기름기 쏙 뺀 참치에 맵고 단 비빔장을 얹어 비벼 먹으면 한 그릇에 다채로운 식감을
즐길 수 있답니다. 참치와 짝꿍인 깻잎은 꼭 같이 넣어서 드세요.

재료

분량 1인분

밥 1공기	달걀 1개	참기름 1T
참치 1캔	식용유 적당량	알룰로스 1T
로메인 3장	참깨 약간	다진 마늘 1/2t
깻잎 3장	래디시 1개(생략 가능)	맛간장 1T
새싹채소 30g	▶ **양념장**	
어린잎 채소 30g	고추장 2T	

만드는 법

1   로메인, 깻잎, 새싹채소, 어린잎 채소는 씻어서 물기를 빼고 참치는 기름을 제거한다.

2   볼에 고추장, 참기름, 알룰로스, 다진 마늘, 맛간장을 넣어 양념장을 만든다.

3   달군 팬에 식용유를 두르고 달걀 프라이는 반숙으로 부쳐준다.

4   밥 위에 로메인과 깻잎을 찢어 얹고 새싹채소와 어린잎 채소를 올려준다.

5   양념장과 참치를 올리고 달걀 프라이를 얹어준다. 마지막에 래디시를 올린 뒤 참깨
      를 뿌려 마무리한다.

Chaem's TIP   채소는 먹다 남은 쌈채소나 집에 있는 것들로 대체해도 좋아요. 캔 참치는 기름을 제거 해줘야 비빔
밥이 질척거리지 않아요. 참기름 향을 좋아하면 추가로 더 넣어 드세요.

항정살 표고 덮밥

아삭아삭한 식감의 항정살에 표고와 간장소스를 넣어
짭조름하게 졸여 만든 뒤 밥 위에 올려 향긋한 부추를 곁들여 먹는 덮밥이에요.
반찬 고민 없이 한 그릇 푸짐하게 드실 수 있답니다.

재료

분량 1인분

밥 1공기	소금 약간	알룰로스 1T
항정살 100g	후추 약간	다진 마늘 1/2T
표고버섯 3개	참깨 약간	설탕 1/2t
부추 한 줌	▶ **양념장**	물 1T
양파 1/2개	간장 1T	
식용유 적당량	굴소스 1T	

만드는 법

1　　표고버섯은 얇게 편 썰고 양파도 채 썰어준다. 부추는 잘게 송송 썰어준다.

2　　볼에 간장, 굴소스, 알룰로스, 다진 마늘, 설탕, 물을 넣고 양념장을 만든다.

3　　달군 팬에 식용유를 두르고 양파가 투명해질 때까지 볶아준다.

4 3에 항정살을 넣고 소금, 후추를 뿌려준다.

5 고기가 어느 정도 익으면 표고버섯을 넣고 양념장을 부은 뒤 졸여준다.

6 그릇에 부추를 깔고 밥과 5를 담아준 뒤 참깨를 뿌려준다.

Chaem's TIP   표고버섯 대신 양배추를 같이 볶아주거나 부추 대신 깻잎을 사용해도 돼요. 매운맛을 좋아하면 청양
고추를 넣어도 좋아요. 항정살은 그릇으로 옮기기 전 먹기 좋게 가위로 잘라주세요.

스팸 아보카도 덮밥

스팸은 구워만 먹어도 너무 맛있죠. 깍둑썰기한 스팸을 노릇하게 구운 뒤
밥 위에 크리미한 아보카도를 올려 즐겨보세요. 아보카도가 스팸의 짠맛을 중화해
고소한 맛이 더해져 간이 딱 맞답니다.

재료

분량 1인분

밥 1공기	노른자 1개 분량	맛술 1T
스팸 반 개	김가루·참깨 약간	알룰로스 1T
아보카도 반 개	▶ 양념장	물 1T
양파 1/2개	맛간장 1T	

만드는 법

1   스팸은 깍뚝썰고 아보카도는 얇게 슬라이스 해준다. 양파는 채 썰어준다.

2   볼에 맛간장, 맛술, 알룰로스, 물을 섞어서 양념장을 만든다.

3   달군 팬에 스팸을 넣고 노릇하게 구워준다.

4   같은 팬에 양파를 넣고 투명해질 때까지 볶다가 양념장을 넣고 졸여준다.

5   그릇에 밥을 먼저 담고 아보카도, 스팸, 졸인 양파, 김을 올린 뒤 가운데에 노른자를 얹고 참깨를 뿌려 마무리한다.

Chaem's TIP   스팸 구울 땐 식용유를 두르지 말고 구워 주세요. 아보카도는 겉이 진한 갈색에 눌렀을 때 몰랑하면 잘 익은 거예요.

불고기 치아바타 샌드위치

냉장고에 남은 불고기가 있다면 샌드위치로 만들어 보세요.
단짠단짠 양념의 불고기를 잔뜩 넣어서 만든 샌드위치에 커피 한 잔만 준비해서 먹으면
카페에 갈 필요가 없답니다.

재료

분량 1인분

치아바타 1개
불고기용 소고기 200g
양파 1/2개
양송이버섯 3-5개
완숙토마토 1개
로메인 3장
하바티 치즈 2장

▶ **불고기 양념**
간장 2T
맛술 1T
다진 마늘 1/2T
매실액 1T
설탕 1T
후추 약간

▶ **소스**
마요네즈 2T
홀그레인 머스터드 1T
꿀 1T
레몬즙 1/2T

만드는 법

1 키친타월로 가볍게 핏기를 제거한 불고기는 간장, 맛술, 다진 마늘, 매실액, 설탕, 후추를 넣고 10분간 재워둔다.

2 양파는 채 썰고 양송이버섯은 얇게 잘라준다.

3 로메인은 씻어서 준비하고 토마토는 잘라서 키친타월로 물기를 제거해준다.

4 볼에 마요네즈, 홀그레인 머스터드, 꿀, 레몬즙을 넣고 소스를 만든다.

5   마른 팬에 반 가른 치아바타를 한 쪽면만 노릇하게 구워준다.

6   달군 팬에 식용유를 두르고 양파와 양송이버섯, 재워둔 불고기를 넣고 물기가 사라
     질 때까지 볶아준다.

7   빵 위에 소스를 발라준 다음 로메인, 토마토, 하바티 치즈, 불고기 순으로 올려준다.

8   반으로 자른 뒤 접시에 담아준다.

Chaem's TIP   토마토는 물기를 제거해 줘야 빵이 눅눅해지는 걸 방지할 수 있어요. 수분기 있는 야채는 빼고 원하
               는 치즈를 취향껏 넣어 파니니 그릴 팬이나 일반 그릴 팬에 노릇하게 구워 드셔도 좋아요.

냉이 들기름 막국수

봄 하면 떠오르는 나물 냉이. 고소한 들기름 막국수에 데친 냉이를
올려 보세요. 들기름과 냉이가 참 잘 어울린답니다. 산뜻하게 한 그릇 하면
봄기운 가득 충전될 거예요.

재료

분량 1인분

메밀면 100g
냉이 50g
간 참깨 3T
김가루 넉넉히

쪽파 적당량
▶ **양념장**
맛간장 2T
매실청 1T

설탕 1/2t
들기름 4T
참깨 약간

만드는 법

1   칼로 뿌리 쪽을 손질한 냉이는 물에 깨끗이 씻은 다음 끓는 물에 30초간 데친다.

2   데친 냉이는 찬물에 헹궈 물기를 꼭 짜준 뒤 잘게 잘라준다.

3   냄비에 메밀면을 넣고 삶아준다.

4   볼에 맛간장, 매실청, 설탕, 들기름, 참깨를 넣고 양념장을 만든다.

5   찬물에 헹군 메밀면, 냉이를 양념장에 넣고 버무려준다.

6   그릇에 면을 말아서 담아준 뒤 김가루, 쪽파, 간 참깨를 올려준다.

Chaem's TIP   냉이를 씻을 때는 물을 받아 흙이 보이지 않을 때까지 세척해 주세요. 남은 냉이는 키친타월에 싸서
비닐백에 담은 후 냉장 보관하고 가급적이면 3일 이내에 드세요.

프로슈토 썬드라이토마토 샌드위치

프로슈토와 말린 토마토인 썬드라이토마토를 넣어 만든 샌드위치예요.
짭조름한 프로슈토에 시큼 새큼한 썬드라이토마토와 루꼴라향이 조화로워
멈출 수 없는 맛이랍니다. 프로슈토 입문자들에게 추천해요.

재료

분량 1인분

사워도우 2장	생모차렐라 치즈 1/2개	올리브오일 적당량
프로슈토 1-2장	루꼴라 한 줌	
썬드라이토마토 4-5개	바질페스토 1T	

만드는 법

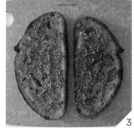  

1   팬에 올리브오일을 두르고 사워도우를 바삭하게 구워준다.

2   생모차렐라 치즈는 5mm 크기로 잘라준다.

3   사워도우 양쪽에 바질페스토를 발라준다.

4   빵 위에 루꼴라, 생모차렐라 치즈, 썬드라이토마토를 올리고 프로슈토도 찢어서 올려준다.

5   사워도우 나머지 한 쪽을 올려준 뒤 반으로 잘라준다.

Chaem's TIP   사워도우 대신 치아바타를 사용해도 돼요. 바질페스토를 바를 때 짠맛이 강할 경우 한쪽 면은 생략 가능해요.

바질크림치즈 썬드라이토마토 베이글

바질과 토마토는 참 잘 어울리죠. 부드러운 크림 치즈와 바질페스토를 섞은 스프레드를
베이글에 발라준 뒤 썬드라이토마토를 올려보세요.
진한 썬드라이토마토와 향긋한 바질크림치즈 조합이 너무 좋아요.

재료

분량 1인분

| 베이글 반 개 | ▶ 바질크림치즈 | 바질페스토 1T |
| 썬드라이토마토 6개 | 크림 치즈 2T | 꿀 1/2T |

만드는 법

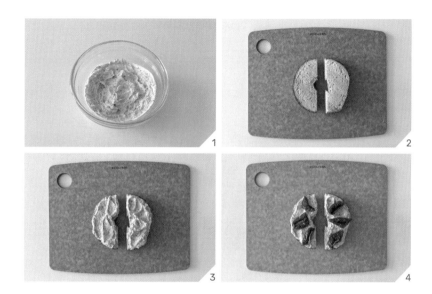

1   볼에 크림 치즈, 바질페스토, 꿀을 넣고 섞어준다.

2   바삭하게 구운 베이글 반 개를 반으로 잘라준다.

3   자른 베이글에 각각 1을 발라준다.

4   썬드라이토마토를 듬성듬성 올려준다.

Chaem's TIP   크림 치즈 대신 그릭요거트를 사용해도 좋아요. 남은 썬드라이토마토는 파스타나 샐러드에 활용해 보세요.

초당참치 유부초밥

아삭아삭한 식감의 초당 옥수수를 밥과 섞어 만든 유부초밥이에요.
초당 옥수수와 고소한 참치를 토핑으로 올려 두 가지 맛으로 골라 먹는 재미가 있어요.
귀여운 비주얼은 물론 맛도 최고랍니다.

재료

분량 2인분

밥 2공기	볶음 조미깨 1개	마요네즈 3T
유부 8장	초당 옥수수 2개	
유부초밥 소스 1개	참치 1캔	

만드는 법

1   초당 옥수수는 알맹이만 칼로 자른다. 토핑용은 따로 빼둔다.

2   볼에 기름 뺀 참치와 마요네즈를 넣고 섞어준다.

3   볼에 밥, 유부초밥 소스, 볶음 조미깨, 초당 옥수수를 넣고 섞어준다.

4   유부에 밥은 4/5 정도 채우고 토핑으로 초당 옥수수와 참치를 각각 올려준다.

Chaem's TIP   초당 옥수수는 세로로 눕혀 칼로 길게 잘라주면 알알이 흩어지지 않고 잘린답니다. 토핑으로 유부 위에 올려주면 색다른 플레이팅이 가능해요. 시판용 큰 사각 유부를 사용했습니다. 유부가 커서 속 을 채우기 편해요. 완성된 초당참치 유부초밥에 데코로 차이브나 쪽파를 사용해도 좋아요.

3

수고했어 오늘도,
나를 위로하는 저녁

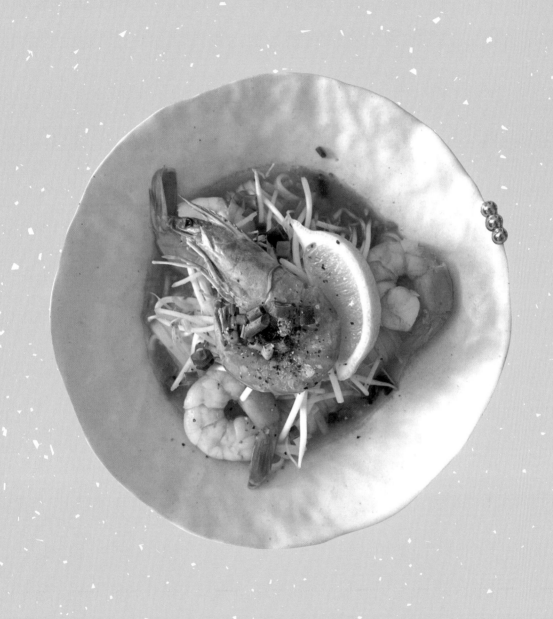

브로콜리 두부가지 덮밥

두부와 가지를 노릇하게 구워 브로콜리와 함께 간장 베이스로 볶아낸 덮밥이에요.
다양한 재료들로 영양 만점인 한 그릇이랍니다.
브로콜리 싫어하는 사람이라도 한 그릇 뚝딱 비우게 될 거예요.

재료

분량 1인분

밥 1공기	식용유 적당량	맛간장 3T
브로콜리 1/2개	참기름 1T	맛술 1T
두부 반 모	참깨 약간	알룰로스 1T
가지 1개	▶ 양념장	다진 마늘 1/2t
전분 가루 2T	물 2T	홍고추 반 개

준비하기

브로콜리는 물에 모두 잠기게 넣고 10분 정도 담갔다 물에 흔들어 세척한 후 사용합니다. 가지는 열매와 꼭지 사이를 칼로 자른 뒤 흐르는 물에 세척해 주세요. 꼭지 부분엔 가시가 있으니 만지지 않도록 주의하세요.

✎ 만드는 법

1   홍고추는 다져주고 가지는 어슷 썰어준다. 두부는 물기 제거 후 깍둑썰기 해준다.

2   위생백에 전분 가루를 넣고 1의 가지와 두부에 전분 가루를 골고루 묻혀준다.

3   볼에 브로콜리와 물을 약간 넣고 전자레인지에 2분간 돌려 익혀준다.

4   볼에 물, 맛간장, 맛술, 알룰로스, 다진 마늘, 다진 홍고추를 넣고 양념장을 만든다.

5   달군 팬에 식용유를 두르고 두부와 가지를 튀기듯 구운 후 꺼내 5분간 식힌다.

6   달군 팬에 양념장을 먼저 넣고 식혀둔 두부와 가지, 브로콜리를 넣고 1분간 볶아준다.

7   그릇에 밥을 담고 6을 올려준 뒤 참기름을 둘러주고 깨를 뿌려준다.

🖐 Chaem's TIP   가지와 두부는 최대한 노릇해질 때까지 익혀줘야 모양이 뭉개지지 않아요. 브로콜리는 물에 오래 데
치면 영양소 손실이 있을 수 있으니 1분 미만으로 데쳐주세요. 팬에 한번 더 볶을 것이기 때문에 너무
익히면 식감이 떨어져요. 데친 후에는 찬물에 헹궈주고 열이 식으면 식감이 아삭해진답니다. 매콤한
게 좋다면 청양고추를 다져서 넣어주세요. 홍고추를 잘게 다져 넣어주면 색감 포인트로 좋아요.

매콤어묵 덮밥

빨간 양념으로 볶은 매콤한 어묵에 알싸한 꽈리고추를 더했어요.
반찬으로만 먹던 어묵볶음을 덮밥으로 즐겨보세요. 꽈리고추의 은은한 고추향이
더해져 매력 있는 한 그릇 완성이랍니다.

재료

분량 1인분

밥 1공기	참깨 약간	간장 1T
어묵 3장	후추 약간	고춧가루 1.5T
양파 1/2개	▶ 양념장	맛술 1T
꽈리고추 4-5개	코인 육수 반 개	알룰로스 0.5T
식용유 적당량	다진 마늘 1/2T	
참기름 약간	물 2T	

만드는 법

1   어묵은 접어서 반으로 자른 뒤 얇게 썰어주고 양파는 채 썰어준다. 꽈리고추는 반으로 자른다.

2   볼에 빻아 준비한 코인 육수, 다진 마늘, 물, 간장, 고춧가루, 맛술, 알룰로스 넣고 양념장을 만든다.

3   달군 팬에 식용유를 두르고 양파, 어묵을 넣고 양파가 투명해질 때까지 볶아준다.

4   양념장을 붓고 중약불에서 2분 정도 볶다가 꽈리고추를 넣고 30초간 볶아준다.

5   불을 끈 뒤 참기름을 두르고 후추와 참깨를 뿌린 후 밥에 얹는다.

Chaem's TIP

어묵은 끓는 물에 살짝 데쳐서 기름기를 제거한 뒤 사용해도 좋아요. 식감을 위해 꽈리고추는 마지막에 넣고 볶아주세요.

대패삼겹 파스타

고소한 대패삼겹살에 아삭한 숙주의 풍미가 더해져 푸짐한 한 그릇이 탄생했습니다.
특별한 재료나 양념이 없어도 간단히 만들 수 있어요.

재료

분량 1인분

링귀니면 100g	소금 1t	쯔유 2T
대패삼겹살 100g	쪽파·후추 약간	맛술 1T
숙주 100g	▶ 양념장	설탕 0.5T
마늘 2-3알	굴소스 1T	

🍳 만드는 법

1   마늘은 편 썰고 쪽파는 송송 썰어준다.

2   냄비에 물이 끓으면 소금과 링귀니면을 넣고 9분간 삶아준다.

3   볼에 굴소스, 쯔유, 맛술, 설탕을 넣어 양념장을 만든다.

4   달군 팬에 대패삼겹살을 넣고 반 이상 익었을 때 마늘을 넣고 중간불로 1분간 볶아
      준다.

5   링귀니면과 양념장을 넣고 양념이 잘 배도록 1분간 볶아준다.

6   마지막에 숙주를 넣고 센불에 숨이 죽지 않을 정도로만 살짝 볶아준 뒤 그릇에 담
      아낸다. 마지막에 후추를 뿌리고 쪽파를 올려 마무리한다.

Chaem's TIP   숙주는 아삭한 식감을 위해 마지막에 넣어 센불에 가볍게 볶아주세요. 대패삼겹살을 구울 때 토치로
                불맛을 입혀주면 식당에서 사 먹는 맛 못지않아요. 매콤하게 즐기려면 청양고추를 추가해서 드셔보
                세요.

깐풍두부 덮밥

건강하고 몸에 좋은 두부. 전분 가루 묻힌 두부를 기름에 튀기듯 구워서
새콤하고 매콤한 양념을 넣고 볶아 만들어 낸 덮밥이에요. 밥의 양을 줄여
저탄수화물 식단으로 드셔도 좋아요.

재료

분량 1인분

밥 1공기
두부 반 모
전분 가루 3T
청양고추 1개
홍고추 반 개
김자반 적당량

참깨 약간
식용유 적당량
▶ 양념장
맛간장 1T
굴소스 1T
물 2T

사과 식초 2T
설탕 1T
고춧가루 1T
다진 마늘 1T

응용하기

만든 깐풍 소스는 새우나 만두에 곁들여 다양하게 활용해 보세요. 새콤하고 매콤한 양념만으로도 다른 요리를 먹는 기분이 들 거예요.

🖋 **만드는 법**

1   청양고추와 홍고추는 잘게 다져준다.

2   두부는 키친타월로 물기를 제거한 뒤 깍둑 썰어준다.

3   볼에 맛간장, 굴소스, 물, 사과 식초, 설탕, 고춧가루, 다진 마늘을 넣고 양념장을 만든다.

4 위생백에 전분 가루를 넣고 2의 두부에 골고루 묻혀준다. 달군 팬에 식용유를 두른
   뒤 두부를 구워준다.

5 4에 양념장을 넣고 볶다가 다진 청양고추와 홍고추를 마지막에 넣고 불을 끈다.

6 밥에 두부를 얹어주고 김자반을 올린 다음 참깨를 뿌려준다.

Chaem's TIP   전분 가루가 묻은 두부는 구울 때 맞닿으면 서로 붙어버리니 붙지 않게 모든 면을 골고루 구워주세
요. 김가루 대신 김자반을 뿌리면 바삭한 식감과 은은한 단짠조합이 잘 어울려요.

연어장 덮밥

손질한 생연어를 맛간장 소스에 숙성해 밥에 올려 먹으면 덮밥 전문점 못지않게
즐길 수 있는 메뉴예요. 숙성된 연어에 적당히 간장소스가 스며들어 한 입 먹으면
속은 촉촉하고 부드러움이 가득한 맛을 느낄 수 있어요.

재료

분량 1-2인분

밥 1공기	홍고추 1개	설탕 2T
생연어 필렛 300g	래디시 1개(생략 가능)	대파 한줄기
양파 1/3개	▶ **연어장 양념**	통후추 0.5t
오이 1/3개	물 200ml	양파 1/2개
참깨 약간	맛간장 50ml	마늘 2개
레몬 1/2개	쯔유 50ml	
청고추 1개	맛술 50ml	

응용하기

같은 레시피의 간장 소스로 달걀장을 담가도 맛있답니다. 연어장 소스는 냉장 보관해 2일 이내에 드시는 게 좋아요.

🖋 만드는 법

1   대파는 5-6cm로 큼직하게 잘라주고 양파는 채 썬다. 청고추와 홍고추는 어슷썰기
하고 레몬은 슬라이스해 준다.

2   냄비에 물, 맛간장, 쯔유, 맛술, 설탕, 통후추, 대파, 마늘, 양파를 넣고 끓으면 중약불
에서 5-7분간 뭉근하게 끓여준다.

3   연어는 키친타월로 수분을 닦은 뒤 비스듬하게 잘라준다.

4　　용기에 썰어둔 연어와 양파, 레몬, 청고추, 홍고추를 넣고 채워준다.

5　　완전히 차갑게 식힌 연어장 소스를 재료가 잠기도록 붓고 냉장고에서 하루 숙성시
　　킨다.

6　　그릇에 밥을 담고 연어장과 채썬 양파, 오이, 래디시를 올려준 뒤 양념장과 참깨를
　　뿌려 먹는다.

🥄 Chaem's TIP　　연어장을 완전히 식히지 않은 상태로 부으면 연어가 익어요.

토마토 쌀국수

토마토를 베이스로 깔끔한 감칠맛과 새콤한 국물이 특징이랍니다.
원래 알던 쌀국수와는 다른 매력으로 자꾸 당기는 맛이에요. 속이 뜨끈해지는 토마토 쌀국수
저녁 메뉴로 어떠세요? 먹고 나면 또 생각날 거예요.

재료

분량 1인분

쌀국수 면 100g	다진 마늘 1t	레몬 1/4개
토마토 2개	새우 3-4마리	코코넛오일 약간
양파 1/4개	페퍼론치노 2-3개	쪽파 약간
숙주 한 줌	피시소스 1t	소금 약간
물 300ml	스리라차 소스 1T	후추 약간
코인 육수 1개	레몬즙 1t	

응용하기

두꺼운 쌀국수 면은 육수가 잘 배도록 레시피 6번 과정에서 육수와 면을 함께 끓여주세요.

✎ 만드는 법

1 쌀국수 면은 찬물에 30분 정도 불려둔다.

2 끓는 물에 불린 쌀국수 면을 3-4분간 삶아준다.

3 쪽파는 다져주고 양파는 얇게 채 썬다. 토마토는 작게 잘라준다. 레몬은 1/4로 잘라
   주고 새우는 해동해서 준비한다.

4 냄비에 코코넛오일을 두르고 페퍼론치노와 양파, 다진 마늘을 넣고 볶아준다.

5   양파가 투명해지면 토마토와 새우를 넣고 3분 정도 볶아준다.

6   물과 코인 육수를 넣고 물이 끓으면 스리라차, 피시소스를 넣고 후추를 뿌려준 뒤
        부족한 간은 소금으로 한다.

7   불을 끄고 마지막에 레몬즙을 뿌려준다.

8   그릇에 삶아 둔 쌀국수를 담고 국물을 부어준 뒤 숙주와 레몬을 올리고 후추와 쪽
        파로 마무리한다.

Chaem's TIP   데코로 껍질을 제거하지 않은 새우를 같이 넣어 올리면 훨씬 먹음직스러워요. 매운 거 못 드신다면
                        페퍼론치노와 스리라차 소스는 가감해 넣으세요. 고수를 좋아한다면 함께 곁들여도 좋아요.

명란새우 볶음밥

감칠맛 최고인 명란과 탱글탱글하게 씹히는 큼직한 새우를 넣고 만든 초간단 볶음밥.
간단하면서도 먹을 때의 만족감도 최고인 메뉴예요.

재료

분량 1인분

밥 1공기	달걀 1개	식용유 적당량
새우 6마리	버터 10g	쪽파 약간
명란젓 1T	대파 1/4개	후추 약간

준비하기

명란젓의 껍질을 제거할 필요 없이 편하게 짜 쓰는 튜브 타입의 명란젓을 사용했어요. 간편해서 다양한 요리에 쓰임이 좋아요.

✎ 만드는 법

1   대파와 쪽파는 송송 썰어주고 데코용 새우 3마리를 뺀 나머지 새우는 한 입 크기로
     잘라준다.

2   달군 팬에 식용유를 두르고 대파를 넣은 뒤 향이 날 때까지 볶아준다.

3   팬에 밥을 넣고 한쪽에 달걀을 깨서 스크램블 에그를 만들어 준 다음 섞어서 볶아
     준다.

4   자른 새우와 명란젓을 넣어준다.

5   새우가 다 익어 갈 때쯤 버터를 넣고 후추를 뿌려준다.

6   그릇에 5를 담고 데코용 새우를 올린 뒤 쪽파를 뿌려준다.

Chaem's TIP   해동한 새우는 맛술이나 청주에 잠시 절여 놓으면 비린 맛을 제거할 수 있어요. 달걀이 다 익지 않은 상태에서 밥과 섞으면 밥이 질척거려요. 데코용 새우는 따로 구워 플레이팅 마지막에 올려주세요.

닭가슴살 포케

저녁에 가볍지만 그렇다고 부실하게 먹고 싶지 않을 때 포케 어떠세요.
단백질도 보충하면서 영양소를 골고루 섭취할 수 있는 건강 식단이에요.
재료만 준비되어 있으면 뚝딱 만들 수 있답니다.

재료

분량 1인분

밥 1/2공기	슬라이스 블랙올리브 2T	맛간장 1T
닭가슴살 100g	크리스피 어니언 2T	레몬즙 1T
오이 1/3개	올리브오일 적당량	알룰로스 1T
콘옥수수 3T	소금·후추 약간	후추 약간
미니 양배추 2-3개	▶ 드레싱	다진 마늘 1T
방울토마토 3-4개	올리브오일 2T	

만드는 법

1　　닭가슴살은 에어프라이어에 180도로 15분 돌려준다.

2　　오이는 얇게 썰어준다. 방울토마토와 미니 양배추는 반으로 자른다.

3　　달군 팬에 올리브오일을 두르고 미니 양배추를 넣고 소금, 후추를 뿌려서 구워준다.

4　　올리브오일, 맛간장, 레몬즙, 알룰로스, 후추, 다진 마늘을 넣어 드레싱을 만든다.

5　　그릇에 밥, 닭가슴살, 미니 양배추, 슬라이스 블랙올리브, 콘옥수수, 크리스피 어니
언, 방울토마토, 오이를 담고 드레싱을 뿌려준다.

Chaem's TIP　　조미되어 있는 닭가슴살 대신 일반 닭가슴살에 소금, 후추를 뿌려 사용해도 좋아요. 재료는 냉장고
에 있는 야채로 활용해도 돼요.

바질크림 알배추 구이

아삭하게 구워낸 알배추에 바질 크림 소스를 곁들였어요.
달짝지근한 알배추 구이에 바질 향 가득한 소스가 더해져 더욱 맛있답니다.
건강하면서 근사한 요리로 추천해요.

재료

분량 1인분

알배추 1/4통
베이컨 2줄
올리브오일 적당량
그라나파다노 치즈 적당량
쪽파 약간

소금 약간
후추 약간
▶ **바질크림 소스**
버터 10g
바질페스토 2T

생크림 100ml
우유 100ml
치킨스톡 1t

만드는 법

1   알배추는 1/4등분으로 잘라주고 쪽파는 송송 썰어준다.

2   알배추에 올리브오일, 소금, 후추를 뿌리고 베이컨과 함께 에어프라이어에 180도
    로 10-15분 구워준다.

3   냄비에 버터를 녹여주고 바질페스토, 생크림, 우유, 치킨스톡을 넣고 끓여준다.

4   구운 알배추에 3의 바질크림 소스를 부어주고 베이컨은 잘게 잘라서 올려둔 다음
    썰어둔 쪽파와 그라나파다노 치즈를 올려준다.

Chaem's TIP   알배추는 프라이팬에 버터나 오일을 살짝 두른 후 구워도 좋아요. 베이컨은 바삭하게 익혀줘야 식감
이 살아납니다. 그라나파다노 치즈는 넉넉하게 뿌려주세요. 알배추는 굽는 중간마다 확인해 타지 않
게 주의해 주세요.

4

오랜만에 실력 발휘,
손님 초대 홈스토랑

토마토 팍시

팍시는 프랑스어로 '다진 고기나 채소로 속을 채운'이란 뜻이에요.
토마토 속을 파내고 다진 고기나 채소를 볶아 토마토 속을 꽉 채운 후 치즈를 올려 오븐에 구워주는
요리인데요. 비주얼과 맛까지 좋아 손님 초대 요리로 그만이랍니다.

재료

분량 2인분

토마토 3-4개	다진 마늘 1/2T	소금 약간
소고기 다짐육 100g	빵가루 2T	후추 약간
토마토 페이스트 1T	모차렐라 치즈 50g	
양파 1/2개	올리브오일 적당량	

만드는 법

1   토마토 윗부분을 칼로 잘라 따로 빼둔 뒤 데코로 활용한다. 숟가락으로 토마토 속
     을 파낸다.

2   파낸 속은 잘게 다져주고 양파도 잘게 잘라준다.

3   달군 팬에 올리브오일을 두르고 다진 마늘과 양파 넣고 향이 날 때까지 볶아준다.

4   소고기를 넣고 소금, 후추를 뿌려 고기가 익을 때까지 3분간 볶아준다.

5 파낸 토마토 속, 토마토 페이스트를 넣고 볶다가 빵가루 넣고 수분을 날려준다.

6 1의 토마토 속에 5를 4/5 정도만 채우고 모차렐라 치즈를 올려준다.

7 잘라둔 토마토 뚜껑을 덮고 올리브오일을 뿌려준 뒤 에어프라이어에 170도로 10
  분 구워준다.

Chaem's TIP 너무 물렁한 토마토를 사용하면 찢어질 수 있으니 단단한 완숙 토마토를 사용해 주세요. 냉동실에
            남는 식빵이 있다면 믹서기에 갈아 준 뒤 물기 없는 팬에 볶은 후 냉동 보관해 주면 빵가루로 만들어
            활용하기 좋아요.

레몬크림 파스타

레몬즙과 레몬 제스트를 넣고 만든 색다른 느낌의 파스타예요.
평소 크림의 느끼함을 선호하지 않는 분들에게 추천하고 싶어요.
레몬의 적당한 상큼함을 느낄 수 있어서 더 매력적인 파스타랍니다.

재료

분량 1인분

파케리면 80g
생크림 100ml
올리브오일 적당량
소금 1t

버터 10g
마늘 3개
레몬 1/2개
그라나파다노 치즈 적당량

파슬리 1줄기(생략 가능)
레몬 슬라이스 1개(생략 가능)

준비하기

레몬은 베이킹소다로 깨끗이 세척한 후 사용해 주세요. 레몬 제스트를 사용할 땐 레몬 안쪽의 흰 부분은 쓴맛이 나니 노란 부분만 갈아 주세요.

만드는 법

1   냄비에 물이 끓으면 소금 1t를 넣고 파케리면을 13-15분간 삶아준다.

2   마늘은 편 썰어주고 레몬 1/2개로 레몬즙을 내준다. 남은 레몬껍질로 레몬 제스트를 만든다.

3   달군 팬에 올리브오일을 두른 후 버터와 마늘을 넣고 향이 날 때까지 볶아준다.

4   불은 약불로 줄인 후 생크림을 넣어준다.

5 파케리면, 면수 한 국자를 넣고 중간불로 크림의 농도를 맞춰준다.

6 불을 끄고 그라나파다노 치즈, 레몬즙을 넣고 섞어준다.

7 그릇에 파스타를 담고 파슬리로 데코한 뒤 레몬 제스트를 뿌리고 팬에 구운 레몬과 함께 곁들인다.

Chaem's TIP   베이컨이나 새우 등 다양한 재료를 넣고 싶다면 소스를 넣기 전에 볶아주세요. 면 삶는 시간이 길기 때문에 파스타면은 살짝만 볶아주세요. 신맛을 좋아한다면 취향에 따라 구운 레몬즙을 뿌려도 좋아요. 구운 레몬을 데코로 올려주면 시각적으로도 근사해진답니다.

트러플 아티초크 리소토

트러플 향 가득한 리소토에 병조림으로 된 아티초크를 넣어서 만들었어요.
오일에 절인 아티초크의 부드러운 식감과 와인 식초의 은은한 새콤함을 느낄 수 있답니다.
흔하지 않은 식재료지만 맛이 담백할 뿐 아니라 영양도 풍부한 음식이랍니다.

재료

분량 1인분

밥 1공기
절인 아티초크 30g
양송이버섯 3-5개
다진 마늘 1t
버터 10g

물 150ml
치킨스톡 1t
생크림 70ml
올리브오일 3T
트러플 소스 1T

트러플오일 적당량
그라나파다노 치즈 약간
오레가노 약간
소금·후추 약간
핑크 페퍼 약간(생략 가능)

응용하기   절인 아티초크의 향이 세지 않아 와인 안주로 곁들이기 좋고 파스타에 넣어도 좋아요.

만드는 법

1   양송이버섯은 얇게 잘라주고 아티초크는 먹기 좋게 썰어준다.

2   물과 치킨스톡을 섞어서 준비한다.

3   달군 냄비에 올리브오일을 두른 뒤 다진 마늘을 넣고 볶다가 마늘 향이 나기 시작
        하면 오레가노와 아티초크를 넣어 준 뒤 1의 양송이버섯을 넣고 소금을 뿌려 간을
        해준다.

4   중약불에 치킨스톡 섞은 물과 밥을 넣고 꾸덕꾸덕한 농도가 될 때까지 5분간 저어
        가며 끓여준다.

5   생크림을 넣고 약불로 끓이다가 끓어오르면 트러플 소스를 넣어준다.

6   버터를 넣고 간을 본 뒤 부족한 간은 소금으로 한다.

7   그릇에 리소토를 담고 버섯 몇 개를 토핑으로 올려준 뒤 그라나파다노 치즈를 갈아
             주고 트러플오일을 둘러준다.

8   마지막으로 핑크 페퍼로 데코를 해준다.

Chaem's TIP   남은 아티초크는 파스타 먹을 때 피클 대신 곁들이거나 샐러드, 볶음밥 등 다양한 메뉴에 활용해 보
세요.

새우 바질페스토 리가토니

그린 컬러의 바질 향 가득한 바질페스토 파스타예요. 바질페스토만 있다면
라면만큼 간단하게 만들 수 있답니다. 신선하고 향긋한 맛의 바질페스토에
탱글탱글한 새우를 넣어 더 맛있게 즐겨보세요.

재료

분량 1인분

리가토니면 100g	페퍼론치노 약간	후추 약간
바질페스토 2T	올리브오일 적당량	바질잎 2-3장(생략 가능)
마늘 5개	그라나파다노 치즈 약간	
새우 5-6마리	소금 1t	

만드는 법

1   물이 끓으면 냄비에 소금 1t를 넣고 리가토니면을 13분간 삶아준다.

2   마늘은 편 썰어주고 새우는 해동해서 준비한다.

3   달군 팬에 올리브오일을 두르고 페퍼론치노와 마늘을 넣은 뒤 마늘향이 날 때까지
     볶아준다.

4   새우, 삶은 리가토니면, 면수 한 국자를 같이 넣고 볶아준다.

5   불을 끄고 바질페스토를 넣은 뒤 잘 섞어준다.

6   그릇에 담고 그라나파다노 치즈와 후추를 뿌려준 뒤 바질잎으로 데코해 준다.

Chaem's TIP   바질페스토에 따라 염도 차이가 날 수 있으니 조절해서 드세요. 방울토마토나 썬드라이토마토를 같이 곁들여도 잘 어울려요.

청어알 카펠리니

날치알처럼 톡톡 튀는 식감의 청어알젓과 깻잎을 얇게 썰어 올린 뒤
고소한 들기름과 들깻가루에 버무려 먹는 요리예요.
소면처럼 얇은 카펠리니면과 아주 잘 어울린답니다.

재료

분량 1인분

| 카펠리니면 100g | 청어알젓 2T | 들깻가루 2T |
| 깻잎 8-10장 | 소금 1t | 들기름 적당량 |

만드는 법

1 물이 끓으면 냄비에 소금 1t를 넣고 카펠리니면을 6-7분간 삶아준다.

2 깻잎을 돌돌 말아 얇게 썰어준다.

3 썰어 둔 깻잎을 그릇에 깔고 찬물에 헹군 카펠리니면을 말아서 올려준다.

4 들깻가루를 뿌리고 청어알젓을 얹은 후 들기름을 둘러준다.

Chaem's TIP 면은 긴 핀셋을 이용해 잡아준 다음 엉킨 면을 살살 풀어주고 손에 받쳐서 돌돌 말아주면 깔끔하게 플레이팅 가능해요. 청어알젓 대신 오징어젓 또는 낙지젓으로 대체하면 또 다른 맛을 즐길 수 있어요.

체리콩포트 브리 치즈 구이

콩포트는 과일을 설탕에 졸여 만든 음식인데요. 냄비에 씨를 제거한 체리를 넣고
설탕에 졸여 만든 체리콩포트는 짭조롬한 브리 치즈와의 조합이 꽤 괜찮답니다.
간단하지만 멋스러운 홈파티 요리로 제격이에요.

재료

분량 2인분

| 브리 치즈 1개 | 설탕 100g | 블루베리 30g(생략 가능) |
| 체리 300g | 레몬즙 1T | 로즈마리 1-2줄기(생략 가능) |

1   브리 치즈는 칼집을 내서 에어프라이어에 170도로 6분간 돌려준다.

2   체리는 반으로 잘라 씨를 제거 해준다.

3   냄비에 체리, 설탕을 넣고 설탕이 녹을 때까지 끓여준다. 설탕이 녹으면 레몬즙을
     넣어준 뒤 걸쭉한 상태가 될 때까지 끓여준다.

4   그릇에 구운 브리 치즈를 담고 3의 체리콩포트를 올려준다.

5   블루베리와 체리 토핑을 올린 후 로즈마리 데코로 마무리해 준다.

Chaem's TIP   만들어 둔 체리콩포트는 와인 안주 또는 빵이랑 같이 먹으면 좋아요. 또는 요거트에 올려 토핑으로 탄
               산수에 넣어 에이드로도 즐겨보세요. 단맛이 부족할 경우 꿀이나 시럽을 넣어 취향껏 드시면 됩니다.

문어뽈뽀

뽈뽀는 스페인어로 문어라는 뜻을 가졌어요. 부드러운 문어를
삶은 감자와 함께 먹는 스페인 요리랍니다. 색다른 문어 요리나
이국적인 요리가 생각날 때 만들어 보세요.

재료

분량 2인분

문어 300g	훈연 파프리카 파우더 적당량	크러시드 페퍼 약간
감자 2개	건조 파슬리 적당량	생파슬리 1줄기(생략 가능)
레몬즙 1t	소금 약간	라임 슬라이스 1개(생략 가능)
올리브오일 2T	후추 약간	

만드는 법

1   감자는 껍질을 벗기고 적당한 크기로 썰어준다.

2   전자레인지 전용 그릇에 감자를 담아 랩을 씌운 뒤 포크로 구멍을 내고 4분간 익혀
    준다.

3   문어는 빨판 사이로 칼집을 내주고 소금, 훈연 파프리카 파우더, 올리브오일, 건조
    파슬리를 넣은 뒤 골고루 버무려 밑간해 준다.

4   달군 팬에 올리브오일 두르고 감자를 넣은 뒤 소금, 후추, 건조 파슬리를 뿌리고 노
     릇하게 구워준다.

5   밑간한 문어를 2-3분간 구워준다.

6   그릇에 감자와 문어를 같이 담고 레몬즙과 크러시드 페퍼, 파슬리를 뿌려준 뒤 라
     임 슬라이스와 생파슬리를 올려준다.

Chaem's TIP   레시피 3번과 같이 밑간한 문어를 구울 땐 따로 오일을 두르지 않고 구워줍니다. 자숙 문어는 오래
               익히면 질겨져요. 칼집이 살짝 벌어질 때까지만 가볍게 구워주세요.

찹스테이크

비주얼이 좋아서 손님 초대 음식으로 딱인 메뉴예요.
스테이크보다 굽기 쉽고 큐브 모양으로 썰어 낸 소고기에 야채 넣고 소스와 함께 볶아내면
간단하게 완성이랍니다.

재료

분량 2-3인분

소고기 부채살 300g	피망 반 개	▶ **양념장**
양파 1/2개	올리브오일 적당량	스테이크소스 4T
버터 10g	맛술 1T	우스터소스 1T
마늘 5개	소금 약간	굴소스 1T
빨간 파프리카 반 개	후추 약간	케첩 1T
노란 파프리카 반 개	타임 3-4줄기(생략 가능)	알룰로스 1T

만드는 법

1   마늘은 편 썰고 양파는 채 썰어준다. 파프리카와 피망은 한 입 크기로 잘라준다.

2   소고기는 키친타월로 핏기를 제거한 뒤 올리브오일, 맛술, 소금, 후추를 넣고 밑간
     을 해준다.

3   볼에 스테이크소스, 우스터소스, 굴소스, 케첩, 알룰로스를 넣고 양념장을 만든다.

4   달군 팬에 버터를 넣고 소고기를 볶다가 겉면이 익으면 야채를 넣고 1-2분간 짧게
        볶아준다.

5   야채가 어느 정도 익으면 양념장을 넣고 1분간 골고루 섞으면서 볶아준다.

6   그릇에 담고 타임으로 데코해 준다.

Chaem's TIP   소고기는 등심이나 안심, 채끝살 등 다양한 부위를 사용해도 됩니다. 새콤한 맛이 좋다면 케첩을 더
              추가해도 돼요. 소스 넣고 볶을 땐 되도록 오래 볶지 않는 게 좋아요. 오래 볶으면 고기는 질겨지고
              야채는 물러져 물이 나오니 가볍게 볶아주세요.

아란치니

아란치니는 라구소스 또는 다양한 야채, 치즈 등을 밥이랑 섞은 뒤
라이스볼처럼 튀긴 이탈리아 주먹밥 요리예요. 겉은 바삭하고 늘어나는 치즈는 예술이랍니다.
맛보장 메뉴로 적극 추천해요.

재료

분량 1-2인분

밥 1공기
버터 10g
생크림 70ml
다진 마늘 1t
양송이버섯 2개
양파 1/3개
당근 1/4개

베이컨 2줄
식용유 200ml(1컵)
시판용 라구 소스 적당량
튀김가루 적당량
빵가루 적당량
달걀 2개
모차렐라 치즈 적당량

파슬리 약간
그라나파다노 치즈 약간
소금 약간
후추 약간
루꼴라 약간(생략 가능)

준비하기   튀김용 냄비는 지름이 크지 않은 냄비를 사용합니다. 적은 기름으로도 튀김 요리를 쉽게 할 수 있고
소스를 만들 때 사용하기도 해요.

만드는 법

1   양송이버섯, 양파, 당근, 베이컨은 잘게 썰어준다.

2   달군 팬에 버터를 넣고 양송이버섯, 양파, 당근, 다진 마늘을 넣고 볶다가 양파가 투명해지면 베이컨을 넣고 같이 볶아준다.

3   밥과 생크림을 넣어준 뒤 소금, 후추 뿌려서 간을 해준다.

4   한 김 식힌 밥과 모차렐라 치즈를 넣어 동그랗게 말아준다.

5   달걀 2개로 달걀물을 만들고 튀김가루, 달걀물, 빵가루 순으로 묻혀준다.

6   170도 기름에 노릇하게 튀겨준다.

7   채망에 올려 기름을 빼준다.

8   라구 소스를 깔고 아란치니를 올린 다음 그라나파다노 치즈를 갈아주고 파슬리와
     루꼴라로 데코해 준다.

Chaem's TIP   튀김이 어렵다면 에어프라이어나 오븐에 스프레이 오일을 뿌린 다음 구워주세요. 중간중간 겉면이
타지않게 확인해 주세요. 소스는 시판 토마토소스도 가능해요. 생크림은 많이 넣으면 밥이 질퍽해지
니 볶음밥보다 진 농도로 조절해 넣어주세요. 속재료는 익은 상태라 빵가루가 바삭해질 정도로만 튀
겨주세요. 채망에 올려 잠시 식혀두면 훨씬 바삭해요.

대구 파피요트

사탕을 싸는 포장에서 유래된 파피요트는 프랑스식 해산물 요리입니다.

종이 포일에 대구살과 다양한 채소를 넣고 감싼 뒤 오븐에 구워냈어요.

많이 알려진 연어 파피요트도 좋지만 연어의 느끼함을 좋아하지 않는다면 단백질이 풍부하고 담백

한 대구로 만들어 보세요. 손질된 순살 대구살을 이용해 간편하게 만들 수 있답니다.

재료

분량 1인분

대구살 150g	감자 1/2개	올리브오일 적당량
버터 15g	방울토마토 3개	소금 약간
맛술 1T	미니 양배추 3개	후추 약간
새우 4마리	레몬 슬라이스 2개	
양파 1/4개	딜 1줄기	

응용하기 담백한 대구도 맛있지만 가끔은 다른 맛도 즐겨 보세요. 같은 방법으로 재료만 바꿔 광어나 고등어,
달고기 등 제철 생선으로 만들어도 좋아요.

만드는 법

1   양파는 채 썰고 감자는 5mm로 얇게 썰어준다. 방울토마토, 미니 양배추는 반으로
    잘라주고 레몬은 슬라이스해 준다.

2   새우는 해동한 뒤 맛술, 후추를 뿌려준다.

3   대구살은 키친타월로 물기를 제거하고 소금, 후추를 뿌려 밑간을 해준다.

4   종이 포일에 올리브오일을 두르고 감자를 깔고 소금 후추를 뿌린 후 양파, 대구살, 레몬 슬라이스를 차례로 올려준다.

5   주위에 방울토마토, 미니 양배추, 새우를 둘러주고 버터와 딜을 올려준다.

6   올리브오일을 한번 더 둘러주고 종이 포일은 사탕 모양으로 양옆을 꼬아준 뒤 200 도로 예열 된 오븐에 15-20분간 익혀준다.

Chaem's TIP   냉동으로 된 순살 대구살은 포장지째 찬물에 잠깐만 담가도 금방 해동됩니다. 생선요리에 딜은 잘 어울리니 같이 넣어주세요. 집에 레몬딜버터가 있다면 같이 넣어도 풍미가 좋아져요.

5

주말을 위한
기분전환 브런치

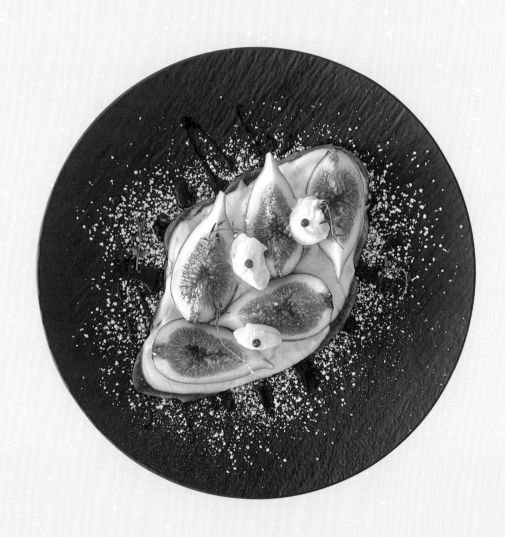

차지키 연어 베이글

차지키 소스는 그리스의 쌈장이라 불릴 만큼 어디에나 잘 어울리는 소스입니다.
프레시한 그리스식 차지키 소스에 훈제 연어와 쫄깃한 베이글의 조합을 즐겨보세요.

재료

분량 1인분

베이글 반 개	▶ 차지키 소스	딜 1줄기
훈제 연어 100g	그릭요거트 2T	올리브오일 1T
양파 1/4개	오이 1/3개	소금 약간
케이퍼 베리 3개	다진 마늘 1t	후추 약간
레몬 제스트 약간	레몬즙 1t	

만드는 법

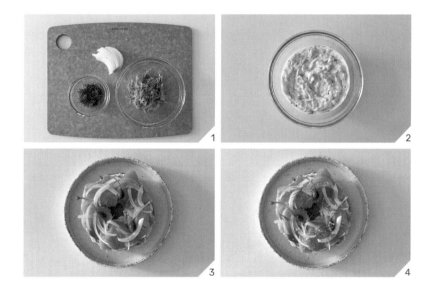

1   양파는 얇게 채 썰고 딜은 다져준다. 플레이팅용 딜은 따로 빼둔다. 오이는 얇게 썰
     어 소금에 10분간 절여둔 뒤 물기를 제거해 준다.

2   볼에 그릭요거트, 물기 뺀 절인 오이, 다진 마늘, 레몬즙, 딜, 올리브오일, 소금, 후추
     를 넣고 섞어 차지키 소스를 만든다.

3   구운 베이글에 차지키 소스를 바르고 연어를 얹은 뒤 양파, 케이퍼 베리를 올려준다.

4   레몬 제스트를 갈아준 다음 딜로 플레이팅해 준다.

Chaem's TIP   양파는 썰어서 찬물에 담가두면 매운 기가 빠져요. 케이퍼보다 큰 케이퍼 베리를 사용하면 플레이팅
이 훨씬 근사해져요.

구운 방울토마토 토스트

그릭요거트와 크림 치즈를 섞은 소스를 빵 위에 발라 익히면 감칠맛이 가득해지는
방울토마토 토스트예요. 씹을 때마다 방울토마토즙이 입안 가득 퍼진답니다.

재료

분량 2인분

효모빵 2장	소금 약간	크림 치즈 2T
방울토마토 10-12개	후추 약간	레몬즙 1t
루꼴라 한 줌	▶ 소스	꿀 1t
올리브오일 6T	그릭요거트 2T	소금 약간

만드는 법

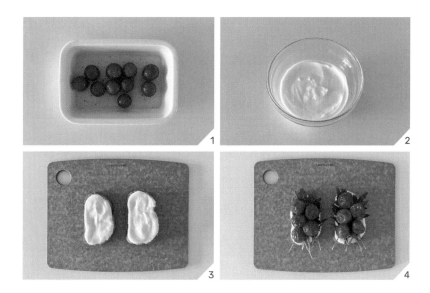

1   방울토마토는 올리브오일, 소금, 후추를 뿌려 에어프라이어에서 170도로 15분간
     구워준다.

2   그릭요거트, 크림 치즈, 꿀, 레몬즙, 소금을 넣고 섞어준다.

3   바삭하게 구운 효모빵 위에 2의 소스를 발라준다.

4   루꼴라를 얹어주고 구운 방울토마토를 올려준 다음 토마토 굽고 남은 오일과 후추
     를 뿌려준다.

Chaem's TIP   효모빵은 파리바게트 쫄깃한 토종효모빵을 사용했어요. 담백하고 쫄깃한 식감이 좋아요. 방울토마
토를 구울 때 에어프라이어 대신 프라이팬을 사용해도 됩니다. 방울토마토는 구우면 단맛과 감칠맛
이 올라 훨씬 맛이 좋아요. 아침 식사 또는 브런치로 즐겨보세요.

판 콘 토마테 부라타 토스트

스페인어로 판 콘 토마테는 '토마토를 빵과 곁들여 먹는다'는 뜻이에요.
여기에 부드러운 부라타 치즈를 더했답니다. 비교적 간단한 재료로 최상의 맛을 느낄 수 있어요.
이 메뉴에는 살짝 들어간 소금의 역할이 또 중요한데, 토마토의 단맛을 확 살려주면서 더욱 특별한
느낌이 들거든요. 별거 안 들어 갔는데 '왜 이렇게 맛있지?'라고 하실 거예요.

재료

분량 1인분

사워도우 1장
완숙토마토 1개
마늘 1개

부라타 치즈 1개
올리브오일 적당량
소금 약간

후추 약간
파슬리 1줄기

만드는 법

1   파슬리는 다져주고 마늘은 반으로 잘라준다.

2   간 토마토에 올리브오일, 소금, 후추를 넣은 뒤 잘 섞어준다.

3   달군 팬에 올리브오일을 두르고 사워도우를 바삭하게 구워준다.

4   바삭하게 구운 사워도우에 반으로 자른 마늘을 긁어 향을 내준다.

5   2를 올린 뒤 부라타 치즈를 찢어 얹어준다.

6   올리브오일과 파슬리를 뿌려준다.

Chaem's TIP   토마토는 강판 또는 굵은 채칼을 사용해 갈아주세요. 없을 경우 껍질을 벗겨 잘게 다져도 됩니다. 완숙 토마토 대신 방울토마토를 사용해도 괜찮아요. 빵이 따뜻할 때 빵 표면을 마늘로 긁어 주세요. 마늘즙과 향이 더 잘 밴답니다. 바게트 빵을 사용해 핑거푸드로도 즐겨보세요.

초당 옥수수 후무스 토스트

병아리콩을 삶아 만드는 후무스에 초당 옥수수의 달큰함을 더했어요.

옥수수의 단맛과 병아리콩의 고소함이 잘 어울린답니다. 구운 빵에 후무스를 도톰하게 바른 뒤

식감을 위해 옥수수를 토핑으로 올려 톡톡 씹히는 식감을 살렸어요.

재료

분량 1-2인분

사워도우 1장	간 참깨 3T	소금 1t
초당 옥수수 2개	물 100ml	후추 약간
삶은 병아리콩 100g	올리브오일 2T	딜 1줄기(생략 가능)
마늘 1/2개	레몬즙 1T	

만드는 법

1   찜기에 10분 정도 찐 초당 옥수수를 알맹이만 발라준다. 토핑으로 사용할 분량을 따로 빼놓는다.

2   믹서기에 알맹이만 바른 초당 옥수수와 삶은 병아리콩, 마늘, 간 참깨, 물, 올리브오일, 레몬즙을 넣고 갈아준다.

3   바삭하게 구운 사워도우에 초당 옥수수 후무스를 발라준다.

4   초당 옥수수 토핑을 올려주고 토치질을 한 다음 올리브오일을 살짝 뿌리고 딜을 올려준다.

Chaem's TIP   물로 점도를 조절해 되직한 정도가 후무스로 먹기에 좋아요. 초당 옥수수 알맹이만 세로로 길게 잘라서 토핑으로 올리면 식감도 살리면서 색다른 플레이팅이 가능해요.

피넛버터 크레페

구운 크레페에 피넛버터와 크림 치즈를 섞어 겹겹이 발라준 다음 아삭한 사과를 올렸답니다.
중간중간 씹히는 땅콩이 씹는 재미도 있고 시나몬을 버무린 사과와도 잘 어울려요.

재료

분량 2-3인분

| 페이장브레통 크레페 5장 | 크림 치즈 3T | 사과 반 개 |
| 피넛버터 100g | 메이플 시럽 1-2T | 시나몬 파우더 약간 |

만드는 법

1   사과를 작게 잘라서 시나몬 파우더에 버무려준다.

2   볼에 피넛버터, 크림 치즈, 메이플 시럽을 넣고 섞어준다.

3   크레페는 약불에서 1분 미만으로 살짝만 데워준다.

4   크레페 반쪽에 피넛버터를 겹겹이 발라준다.

5   크레페를 1/4크기로 잘라서 겹쳐준 뒤 사과를 올려 완성한다.

Chaem's TIP   피넛버터가 뻑뻑하다 싶으면 그릇에 덜어서 전자레인지에 살짝 돌려주세요. 크림 치즈 대신 그릭요
거트를 사용해도 좋아요. 단맛이 부족할 경우 메이플 시럽을 마지막에 추가로 뿌려 드세요.

고구마 브륄레

고구마 브륄레는 많이 알고 있는 크림 브륄레를 응용해서 만든 요리랍니다.
잘 익은 고구마를 반으로 잘라 설탕을 뿌리고 토치로 녹인 다음
바닐라 아이스크림을 올려 달콤하게 즐겨보세요.

재료

분량 1인분

| 찐 고구마 1개 | 바닐라 아이스크림 한 스쿱 | 그라나파다노 치즈 약간 |
| 설탕 4T | 시나몬 파우더 약간 | 로즈마리 1줄기(생략 가능) |

만드는 법

1   찐 고구마를 반으로 잘라준다.

2   설탕을 양쪽에 뿌리고 토치로 녹여 준다.

3   바닐라 아이스크림 한 스쿱 올린 뒤 시나몬 파우더를 뿌리고 그라나파다노 치즈를
     갈아준다.

4   로즈마리로 데코해 준다.

Chaem's TIP   토치가 없다면 팬에 설탕을 넉넉히 뿌리고 열이 어느 정도 올라왔을 때 설탕 위에 고구마를 얹어 준
다음 구워주세요. 센불에 하면 금방 타버리니 불 조절에 유의하세요.

무화과 크룽지

크룽지는 크루아상과 누룽지의 합성어인데요.
가을이 되면 생각나는 과일인 무화과와 함께 즐겨보세요. 바삭한 크룽지 위에
부드러운 무화과를 올리고 달콤한 메이플 시럽을 뿌려주면 브런치 완성이에요.

재료

분량 1인분

크루아상 생지 1개
그릭요거트 4T
무화과 1-2개

설탕 약간
알롤로스 1T
메이플 시럽 1T

크림 치즈 1T
핑크 페퍼 약간(생략 가능)

만드는 법

1   무화과는 4등분으로 잘라준다.

2   상온에 해동한 크루아상 생지를 밀대로 밀어 팬에 올린 뒤 종이 포일을 덮고 그 위에 무거운 냄비를 올려 약불에 8분 정도 구워주고 반대쪽도 5분간 바삭하게 구워준다.

3   구운 크루아상에 설탕과 알룰로스를 뿌려 조금 더 구운 뒤 한 김 식혀준다.

4   크룽지 위에 그릭요거트를 바르고 무화과를 올려준다.

5   크림 치즈를 듬성듬성 올려준 뒤 메이플 시럽을 뿌리고 마지막에 핑크 페퍼로 데코해 준다.

Chaem's TIP   그릭요거트 대신 리코타 치즈나 마스카르포네 치즈를 사용해도 좋아요. 구운 크룽지는 꼭 채반에서 식혀야 눅눅하지 않고 바삭해요.

츨브르

츨브르는 수란에 요거트를 곁들인 튀르키예 요리예요.
바삭한 빵을 푹 찍어 보세요. 매콤하게 녹인 버터가 양념 역할을 톡톡히 하면서
수란과 어우러져 부드럽고 환상적인 맛이랍니다.

재료

분량 1인분

그릭요거트 100g
달걀 2개
버터 10g

딜 1줄기(생략 가능)
▶ **칠리버터 소스**
다진 마늘 1T

크러시드 레드페퍼 1t
훈연 파프리카 파우더 1t

만드는 법

1 달군 팬에 버터를 넣고 녹인 뒤 다진 마늘, 크러시드 레드페퍼, 훈연 파프리카 파우
  더를 넣고 칠리버터 소스를 만든다.

2 끓는 물에 달걀을 넣고 수란을 만든다.

3 그릇에 그릭요거트를 깔아준 뒤 수란을 올려준다.

4 칠리버터 소스를 뿌려주고 딜로 데코해 준다.

Chaem's TIP 칠리버터 소스는 약불을 유지하며 타지 않게 주의하세요. 훈연 파프리카 파우더가 없다면 고운 고춧
가루로 대체 가능해요. 수란이 싫으신 분들은 취향껏 익혀드셔도 돼요. 수란 만드는 법(33쪽)을 참
고해 주세요.

오렌지 타르트

노오븐으로 만든 초간단 디저트예요.

다이제로 타르트 시트를 만든 다음 부드럽고 달콤한 필링에 상큼한 오렌지를 올렸답니다.

오렌지향 가득한 타르트와 함께 행복한 디저트 타임 어떠세요?

재료

분량 2-3인분

오렌지 1개	버터 70g	설탕 40g
다이제 비스킷 10개	크림 치즈 100g	바닐라 익스트랙 1-2방울
오렌지필 1T	생크림 70g	로즈마리 1줄기(생략 가능)

준비하기　　오렌지의 과육만 깔끔하게 벗기려면 칼로 오렌지 위아래를 잘라내고 돌려가며 깎아내면 깔끔하게
　　　　　　　　　과육만 사용할 수 있어요.

만드는 법

1   타르트 위에 올릴 오렌지는 껍질을 벗긴 뒤 알맹이만 남도록 얇은 껍질도 전부 제
거한다. 오렌지필도 갈아준다.

2   다이제 비스킷은 믹서기에 곱게 갈아 준비한다.

3   볼에 버터를 넣고 전자레인지에 20초 이내로 돌려서 녹이는데, 버터가 전부 녹지
않아도 잔열로 다 녹일 수 있다.

4   곱게 간 다이제 비스킷에 녹인 버터를 넣고 섞어준 뒤 틀에 꾹꾹 눌러 담아주고 냉
동실에 40분간 굳혀서 타르트 시트를 완성한다.

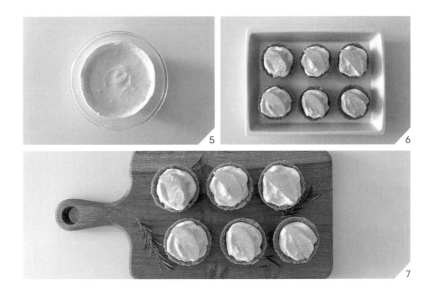

5   오렌지필, 크림 치즈, 생크림, 설탕, 바닐라 익스트랙을 넣고 휘핑해준다.

6   굳은 타르트 시트를 틀에서 꺼낸 뒤 필링을 붓고 준비한 오렌지 가니시를 올려준
     다음 냉장고에서 한 시간 이상 굳혀준다.

7   로즈마리로 장식해 마무리한다.

Chaem's TIP   다이제 비스켓은 비닐팩에 넣고 빈 병이나 밀대로 부셔도 된답니다. 단, 덩어리 지지 않게 주의하세요.
               반죽이 잘 안 붙고 부서지면 버터를 좀 더 녹여서 넣어주세요. 준비한 틀이 없다면 종이컵을 사용해도
               돼요.

6

시원한 맥주 한 잔,
간단하게 즐기는 안주

아스파라거스 프로슈토

올리브오일에 가볍게 구운 아스파라거스와 짭조름한 프로슈토를 더해
가볍게 먹을 수 있는 메뉴예요. 여기에 삶은 달걀을 함께 곁들이면
영양 가득한 한 끼 완성이랍니다.

재료

분량 1인분

아스파라거스 7-8개	올리브오일 적당량	후추 약간
프로슈토 1장	그라나파다노 치즈 약간	피스타치오 약간(생략 가능)
달걀 1개	소금 약간	

만드는 법

1   끓는 물에 달걀을 6분간 삶아 반숙으로 만들어 준다.

2   아스파라거스는 5cm 정도 밑동을 자르고 필러로 줄기 아랫부분 껍질을 벗겨준다.

3   달군 팬에 올리브오일을 두른 뒤 아스파라거스에 소금, 후추를 뿌려 구워준다.

4   그릇에 아스파라거스를 깔고 프로슈토를 찢어 올린 후 달걀을 반 잘라서 얹어준다.

5   그라나파다노 치즈를 갈아주고 후추를 뿌려준 뒤 올리브오일과 피스타치오를 뿌려 완성한다.

Chaem's TIP

아스파라거스는 줄기가 너무 두꺼운 것들은 피하고 전체적으로 굵기가 고른 것을 골라야 조리 시 전체적으로 익힘 정도가 알맞아요. 아스파라거스의 질긴 밑동은 잘라서 드세요.

바질그릭 감자

바질페스토를 활용한 요리예요. 그릭요거트에 바질페스토를 섞어서 그릇에 깔아준 뒤
버터 감자를 올렸어요. 간단하면서 버터향 진한 감자를 더욱 맛있게 드실 수 있어요.

재료

분량 1인분

감자 3개	후추 약간	바질페스토 1t
버터 15g	딜 1줄기	알룰로스 1t
올리브오일 적당량	▶ 바질그릭 소스	
소금 약간	그릭요거트 3T	

만드는 법

1 껍질을 깨끗이 씻은 감자를 깍둑 썰어준다.

2 감자에 올리브오일, 소금을 뿌린 후 에어프라이어에서 190도로 15분간 구워준다.

3 그릭요거트와 바질페스토, 알룰로스를 섞어준다.

4 달군 팬에 버터를 넣고 2의 감자를 노릇하게 한 번 더 구워준다.

5 그릇에 바질그릭 소스를 깔고 감자를 올려준 뒤 올리브오일, 후추를 뿌려주고 딜을 올려 마무리한다.

Chaem's TIP 단맛이 부족한 그릭요거트일 경우 알룰로스 또는 꿀을 조금 넣어주세요. 감자를 구울 땐 겉을 노릇노릇하게 익혀 바삭한 느낌으로 구워주세요.

샐러드 파스타

예전에 친구들과 미즈컨테이너에 가면 꼭 주문해 먹었던 추억의 샐러드파스타.

시그니처 메뉴로 정말 유명하죠. 덥고 입맛이 없거나 귀찮을 때 파스타만 휘리릭 삶아 만들어 보세요.

신선하고 아삭한 샐러드에 새콤달콤한 소스를 더한 냉파스타 한 입 먹으면

없던 입맛도 금방 돌아올 거예요.

재료

분량 1인분

스파게티면 100g	후추 약간	알룰로스 1T
샐러드 야채 80g	파마산 치즈 적당량	칠리소스 2T
방울토마토 5개	파슬리 약간	화이트 발사믹 식초 2T
양파 1/3개	▶ 드레싱	다진 마늘 1/2T
콘옥수수 3T	올리브오일 3T	
소금 1t	맛간장 2T	

🖊 **만드는 법**

1   물이 끓으면 냄비에 소금을 넣고 파스타면을 8-10분간 삶아준다.

2   방울토마토는 반으로 자르고, 양파는 얇게 채 썬 후 다음 물에 담가 매운 맛을 빼준다.

3   볼에 올리브오일, 맛간장, 알룰로스, 칠리소스, 화이트 발사믹 식초, 다진 마늘을 넣
           고 드레싱을 만든다.

4 그릇에 샐러드 야채를 담고 삶은 파스타면은 찬물에 헹궈준 뒤 돌돌 말아 올려준다.

5 콘옥수수를 뿌려주고 방울토마토와 양파를 올린 다음 드레싱을 뿌려준다.

6 마무리로 파마산 치즈, 후추, 파슬리를 올려준다.

🐾 Chaem's TIP   파스타면은 1차로 찬물에 헹궈 면 정리를 해주고 2차로 긴 핀셋을 이용해 면을 말아주면 가지런하
게 말려요. 파스타면은 숏파스타를 사용해도 괜찮아요. 숏파스타를 사용할 땐 샐러드에 잘 어울리는
고소한 리코타 치즈를 함께 곁들여도 좋답니다.

연어 샐러드

색감부터 너무 예쁜 그라브락스 연어를 사용해서 만들었어요.
소금, 설탕, 딜 등의 향신료에 절여 저온 숙성한 연어랍니다. 그리고 색감을 위해 비트를 넣었다고
해요. 좋아하는 잎채소와 야채를 곁들여 만든 연어샐러드. 꽃밭에 꽃이 핀 것 같은
플레이팅으로 맛있게 즐겨보세요.

재료

분량 1인분

그라브락스 연어 100g	라임 1/4개	적양파 1/4개
적양파 1/4개	핑크 페퍼 약간	다진 마늘 1t
오이 1/3개	딜 1줄기	꿀 1T
래디시 1개	후추 약간	딜 1줄기
케이퍼 베리 5-6개	▶ 드레싱	소금 약간
어린잎 채소 한 줌	그릭요거트 100g	후추 약간

준비하기   라임은 흐르는 물에 깨끗이 세척한 뒤 레몬 제스트와 마찬가지로 치즈그레이터를 이용해 갈아서 사
용합니다. Chaem's 도구 소개하기(27쪽)를 참고해 주세요.

🖐 만드는 법

1   오이와 래디시는 3mm 정도로 얇게 썰어주고, 라임은 라임 제스트를 먼저 갈고 나
    머지는 슬라이스해 준다. 샐러드에 넣을 적양파는 채 썰어주고, 드레싱용 적양파는
    다져준다. 딜도 다져서 준비한다.

2   볼에 그릭요거트, 다진 적양파, 다진 마늘, 꿀, 딜, 소금, 후추를 넣고 드레싱을 만든다.

3   그릇에 드레싱을 한 스푼씩 깔아준 다음 연어를 돌돌 말아 올려준다.

4   어린잎 채소를 올려주고 적양파와 오이, 래디시, 케이퍼 베리를 얹어준다.

5   후추를 뿌려주고 라임 슬라이스를 올린 후 뒤 딜로 플레이팅을 해준다.

6   핑크 페퍼를 올린 뒤 마무리로 라임 제스트를 올려준다.

🍃 Chaem's TIP   훈제연어를 사용해도 괜찮아요. 핑크 페퍼는 후추의 매콤한 맛은 크게 없어서 데코용으로 쓰기 좋답
니다. 작지만 존재감 있어 요리가 한층 더 예뻐져요. 라임 제스트로 상큼함을 더했어요.

루꼴라 피자

일반 피자와 달리 칼로리 부담도 적고 활용하기 좋은 향긋한 루꼴라를 듬뿍 올려 만든
건강한 피자랍니다. 간단하지만 밸런스 맞는 재료들로 집에서도 식당 못지않은 고급스러운
피자를 만들 수 있어요. 특별한 맥주 안주로 딱이에요.

재료

분량 2인분

플랫브레드 2장	통모차렐라 치즈 2개	발사믹 식초 적당량
방울토마토 3-4개	슬라이스 블랙올리브 1T	파마산 치즈 적당량
루꼴라 한 줌	토마토소스 4T	

만드는 법

1   방울토마토는 반으로 자르고 통모차렐라 치즈는 두툼하게 잘라준다.

2   플랫브레드에 토마토소스를 발라준다.

3   통모차렐라 치즈를 올려주고 에어프라이어에 180도로 5분간 구워준다.

4   루꼴라를 얹고 슬라이스 블랙올리브와 방울토마토를 올려준다. 마무리로 발사믹 식
     초와 파마산 치즈를 뿌려준다.

Chaem's TIP   플랫브레드는 또띠아보다 도톰하고 잘 찢어지지 않아 피자 만들 때 추천해 드려요. 통모차렐라 치즈
를 큼직하게 잘라 올리면 비주얼적으로 훨씬 근사하면서 고소한 치즈 풍미를 한가득 느낄 수 있어요.

봄동전

제철 야채로 만든 아삭아삭하면서 쫀득쫀득한 맛이 일품인 봄동전이에요.
고소한 들기름과 함께 노릇하게 부쳐내 새콤한 간장에 콕 찍어 먹으면
막걸리 안주로 그만이랍니다.

재료

분량 2인분

봄동잎 10장
부침가루 1T
달걀 2개
홍고추 반 개
물 200ml

부침가루 100g
튀김가루 100g
▶ 간장 소스
식용유·들기름 적당량
맛간장 3T

사과 식초 1t
청양고추 반 개
홍고추 반 개

응용하기

같은 방법으로 알배추를 이용해 전을 만들어도 좋아요. 부추전이나 해물파전에 간장 소스를 활용해
보세요.

만드는 법

1. 봄동은 밑동을 자른 뒤 잎 하나하나 깨끗이 씻어준다. 간장 소스용 청양고추와 홍고추는 잘게 다져주고 토핑용 홍고추 반 개는 얇게 채 썬다.

2. 볼에 맛간장, 사과 식초와 다진 청양고추와 홍고추를 넣고 간장 소스를 만든다.

3. 위생백에 부침가루 1T와 봄동잎을 넣고 흔들어준다.

4. 볼에 물, 부침가루, 튀김가루, 달걀을 넣고 반죽을 만든다.

5 봄동잎에 반죽을 얇게 묻혀준다.

6 달군 팬에 식용유와 들기름을 넉넉히 두르고 5의 봄동을 올린 다음 토핑용 홍고추
를 얹어준 뒤 앞뒤로 노릇하게 부쳐준다.

7 접시에 봄동전을 담아 간장과 함께 곁들인다.

Chaem's TIP   부침가루를 묻힌 봄동은 도구를 이용해 반죽을 최대한 얇게 묻혀주세요. 남은 봄동은 겉절이를 무쳐
먹거나 국에 넣어서 드세요.

스키야키

겨울철 뜨끈한 국물 요리가 당길 때 스키야키 어떠세요. 얇게 저민 소고기와
달콤 짭짤한 육수가 잘 어울리는 요리랍니다. 날달걀을 풀어 찍어 먹으면
여기가 마치 일본 교토인가 하는 착각이 들 거예요.

✎ **재료**

분량 1-2인분

샤브샤브용 소고기(목심) 300g	만가닥버섯 100g	다시마 2개
두부 반 모	표고버섯 2개	맛간장 3T
양파 1/3개	달걀 1-2개	쯔유 8T
알배추 3장·청경채 2개	식용유 적당량	맛술 3T
팽이버섯 1개	▶ **육수**	설탕 2T
느타리버섯 100g	물 500ml	

만드는 법

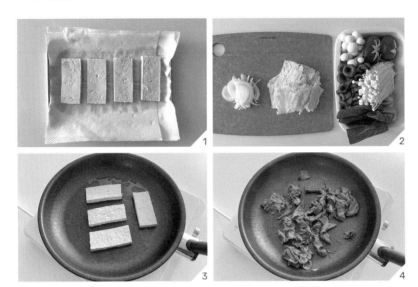

1. 두부는 1cm 두께로 적당히 자른 뒤 키친타월로 물기를 제거한다.

2. 양파는 채를 썰고 알배추는 한입 크기로 자른다. 청경채와 버섯류는 밑동을 자르고,
   표고버섯은 칼집을 넣어 모양을 내준다.

3. 달군 팬에 식용유를 두르고 두부를 노릇하게 구워준다.

4. 두부를 구운 팬에 중간불로 샤브샤브용 고기를 겉면이 익을 정도로 구워준다.

5   물 500ml에 다시마를 넣은 뒤 10분간 우려준다.

6   우린 다시마 물 300ml, 맛간장, 쯔유, 맛술, 설탕을 넣고 설탕이 녹을 때까지 저어
     준다.

7   냄비에 볶은 고기와 재료들을 보기 좋게 담아주고 찍어 먹을 달걀을 함께 준비한다.

8   냄비에 육수를 부어 끓인다. 중간중간 추가로 다시마 육수(나머지 200ml)를 추가해
     준다.

Chaem's TIP   두부는 기름 두른 팬에 살짝 부쳐서 넣어 먹으면 훨씬 담백해요. 볶은 고기나 손질한 야채들은 한 번
               에 다 넣지 말고 중간중간 넣어서 드세요. 다시마 육수도 추가로 조금씩 부어가며 드시다 마지막엔
               우동사리 또는 옥수수면을 추가하거나 밥과 달걀을 넣어 죽으로 해 먹어도 좋아요. 버섯은 밑동을
               최대한 짧게 자르면 플레이팅이 가지런해서 더 예쁘답니다.

버섯 감바스

쫄깃하면서 다양한 버섯을 잔뜩 넣어 만들었어요. 기존에 먹던 감바스와는 다른
풍성한 재료들이 가져다주는 다채로운 식감을 느껴보세요. 어렵지 않게 만들 수 있답니다.

🥄 재료

분량 1-2인분

바게트 1/3개	마늘 10개	로즈마리 2줄기
표고버섯 3개	새우 5마리	파슬리 약간
미니 새송이버섯 한 줌	페퍼론치노 2-3개	후추 약간
만가닥버섯 80g	올리브오일 200ml(1컵)	
브로콜리 1/4개	맛소금 1/2t	

🥢 만드는 법

1   마늘은 편으로 썰고 표고버섯과 양송이버섯은 4등분으로 잘라준다. 미니 새송이버
    섯과 만가닥버섯은 밑동을 잘라 준비한다.

2   브로콜리는 씻어주고 새우는 해동시켜 준다.

3   올리브오일을 1컵 붓고 마늘과 페퍼론치노를 넣은 다음 약불에서 10분간 익힌다.

4   해동한 새우와 버섯류를 함께 중간불로 2분간 익혀준다.

5   새우가 어느 정도 익으면 브로콜리와 맛소금을 넣어준다.

6   로즈마리를 넣고 파슬리를 뿌려준다.

7   마지막에 후추를 뿌리고 바게트와 함께 곁들여 먹는다.

Chaem's TIP   마늘은 많이 넣을수록 맛있어요. 간 마늘과 편 마늘을 같이 넣어주면 마늘 향이 훨씬 좋아진답니다.
브로콜리는 삶지 않고 바로 넣으면 식감이 훨씬 좋고, 새우는 큼직해야 입이 즐거워요. 감바스 먹고
남은 오일에 파스타면을 넣어 알리오 올리오를 만들어 보세요.

아보카도 튀김

잘 익은 단호박 맛이 나는 아보카도 튀김이에요.
생으로 먹거나 익혀도 맛있는 아보카도를 특별하게 드시고 싶다면 만들어 보세요.
시원한 맥주 한 잔과 함께 즐거운 시간이 될 거예요.

재료

분량 1-2인분

아보카도 1개
베이컨 2줄
달걀 3개
튀김가루 적당량
빵가루 적당량
파슬리 1줄기

올리브오일 스프레이 적당량
후추 약간
▶ 소스
스리라차 소스 1T
마요네즈 1T
알룰로스 1T

레몬즙 1t
파마산 치즈 1t
파슬리 약간

준비하기   익지 않은 상태의 아보카도는 랩으로 싼 뒤 냉장고에 보관하고 후숙시킬 땐 상온에 며칠간 꺼내 놓아요. 겉껍질이 초록빛을 띠더라도 눌렀을 때 물렁하다면 잘 익은 겁니다.

🍃 만드는 법

1 아보카도는 반으로 잘라 씨를 빼주고, 껍질은 손으로 벗겨준다.

2 볼에 스리라차 소스, 마요네즈, 알룰로스, 레몬즙, 파마산 치즈, 파슬리를 넣고 소스
   를 만든다.

3 달걀 1개로 달걀물을 준비하고 아보카도는 튀김가루, 달걀물, 빵가루 순으로 겉면에
   묻혀준다.

4 아보카도에 올리브오일 스프레이를 뿌리고 베이컨과 함께 에어프라이어에 180도
   로 10분간 앞면이 노릇해질 때까지 구운 후 뒤집어 5분간 더 구워준다.

5   물이 끓는 냄비에 달걀 2개를 넣어 3분 동안 익혀 수란을 만들어 준다.

6   아보카도 위에 수란을 얹고 베이컨을 올려준다.

7   2의 소스를 뿌리고 파슬리로 장식해 마무리한다.

Chaem's TIP   에어프라이어나 오븐 조리 시 올리브오일 스프레이를 활용하면 편해요. 아보카도는 4등분해서 튀긴
다음 카레에 토핑으로 올려 먹어도 맛있답니다. 수란 만드는 방법(33쪽)을 참고해 주세요.